# 風土と市民とまちづくり

ちいさなマチ逗子のものがたり

長島孝一 著

# 目次

# まえがき――風土と市民社会への思い、まちづくりを通じての私の軌跡

「市民社会*の成熟こそが真に住みやすく美しいマチをつくる」、これが学生時代から私の持論であり信念でもある。

社会は風土という場の中で成立している。風土は、自然・人工環境と住む人びとの心身の営みを包摂している。だから風土はすなわち文明そのものと言うこともできる。歴史の中で人びとの営みがあるひとつの理想に向けて育まれてきたものが市民社会である。そして市民社会のあり方を風土という場としてつくるのがまちづくりだと思う。

風土という場は、今生きている人間とその営みだけではなく、そこにかつて生きた人とその営み、それらの記憶という歴史、さらに将来の人間の営みへの期待や願望を含んでいる。それらを込めた営みとして〝まちづくり〟がある。

私としては五〇年間住んできた逗子という風土、〝場〟をケーススタディーとして取り上げてみたい。「市民社会の成熟こそが真に住みやすく美しいマチをつくる」と言ったとき、逆の言い方をするなら、そのマチが人間相互の関係性の中で住みやすく、環境として美しくなっていくプロセスにあるなら、その市民社会は成熟の過程にあると言うことができるのではないだろうか。

逗子も日本の他のマチと同じく、様々な課題・問題をかかえながら市民社会の内容を少しずつ豊かなものとしていると考えたい。住民が市民に脱皮する契機は住民の参加参画のまちづくりだと思っているが、それにはおおよそ三段階あって、一は住民の参加参画を可

*市民社会Civic Society：一定の権利と義務をもち、自由と平等の価値観によって定義付けられた市民の共歓的生活共同体。

能とする政治・行政的仕組みや、これらと住民の意欲、二はまちづくりの政策・法制の形成に参画すること。三にまちづくりの計画・実施に参画・参加することであろう。逗子の場合、現在までの実績は一、二までが大部分であり、三は数少ないが一九八〇年代から公園や道路整備に少しずつ実現している。

〝原風景を生かす〟ということは、単に過去の風土的遺産を保存継承、活用するだけではない。現代から未来に向けた新しい生成的な原風景を創ることでもある。その地域の気候、植生、地質、水などの自然環境を初源的レベルで住民が自主性をもって把握し、それらを合理的に総合化する、それは環境共生的な人間居住環境やライフスタイルに基づいた新しい持続的原風景を創っていくことで、そのマチのアイデンティティー（らしさ）を創ることでもある。したがってその過程を創る住民参加参画の過程は重要な役割をもつのである。

このような住民参加参画の過程を経ることで、自律した市民としての成長が促され、市民社会の内容が豊かになる。質の高い市民社会のエトス（気概）はソフトな生成システムとして、住み良く、美しく、共歓的な空間や施設（ハード面）を創っていく。当然ながらその逆もあって、この二つのソフトとハードの間に有効なフィードバックが成立すれば、持続的・生成的な状態としての市民社会が実現しているとはいえるのではないだろうか。

# 一　マチの変遷

1900年当時の逗子市新宿地区鳥瞰写真

## 逗子というマチ

たまたま私が住み着いて半世紀になるマチが、逗子という比較的小さな風土的まとまりのある〝場〟だったことも幸いして、ここに住むことを通じて自分の生き方としてこのマチに関わる機会が与えられたと思う。

一九七〇年から二年余り、淡路島ほどの小さな島、当時人口二〇〇万人の都市国家シンガポールで、建築・都市計画の教員を二年余りしたときの実感に似ている。小さいが故に風土、社会の仕組みや動きが掌のように感知でき、様々な身近な関わりの中で生活できたときの経験と相通じるものがある。

今、日本は経済成長一途の時代から人口減の時代、経済的には成長から、希望的には安定の時代、中央集権から地方分権の時代へ移行しつつあるとされている。その中で、小さなマチ逗子の軌跡をたどるのはそれなりに意味があるかもしれない。

逗子という風土・場で営んできた生活、それを日本の市民社会の一形態としてとらえ、市民のまちづくりの努力の軌跡をたどることによって、これからの日本のマチ、市民社会のあり方を考える手がかりにしたいと思う。

### ヒューマンスケールのちいさいマチ

人口六万人弱で、どこへでも自転車で行けるようなマチ、それは〝出来事〟の細部にわたって自分に関わる経験として理解できるスケールと言ってよい。後に述べる池子の森の緑を守る市民運動の際、主婦たちが日常的に自転車を使って情報を交換し、小さな家庭集会を開くにはちょうどよいスケールだったのである。逗子の人びとの市民意識のあり方に、大いにこのスケールが関係していそうだ。

一般的に、直接民主主義は規模の小さいコミュニティーではうまく機能するものらしい。ちなみに、アテネでドクシアディスが主宰していた世界居住学センター Athens Centre for Ekistics に勤めていたときの空間的実感も含めてみよう。古代アテネ最盛期、市民権をもつ市民の数は、アクロポリスの向かいにあるプニックス丘の市民集会広場の大きさからして最大で二万人、家族を含めた自由民の数は一〇万人ぐらい、農業労働人口の大部分を占める奴隷が三〇万人くらいで、すべてを合わせたポリス（都市国家）としての総人口は多くても五〇万人ぐらいだったらしい。ギリシアのポリスの市民生活の中心はアゴラであり、そこへは家から歩いて最大一五分ぐらいで行けただろう。

ちなみにローマが百万都市となったときには、中心のフォーラム・ロマーヌムの他にテルメ（浴場コンプレックス）などいくつかのサブセンターがあって、やはり歩行距離一五分ぐらいの日常生活圏単位があったようである。

明治初期までの地方中核都市だった金沢や仙台の人口は六万人程度で、平城京も六万〜一〇万人だったとされている。歩行者主体のマチは総身に知恵の回る人間的スケールでなければならなかったのだ。単に行政コストを下げるために人為的に人口を増やした市町村合併後の二〇一三年でも、人口七万人以下のマチが六六・五二％を占めている。一方、有史以来産業革命に至るまで地球の人口は約三億人程度で安定していたと言われているが、近代以前の歴史の中では数万人程度の都市が主流を占めていたのではないだろうか。

ポリス・アテネ地図

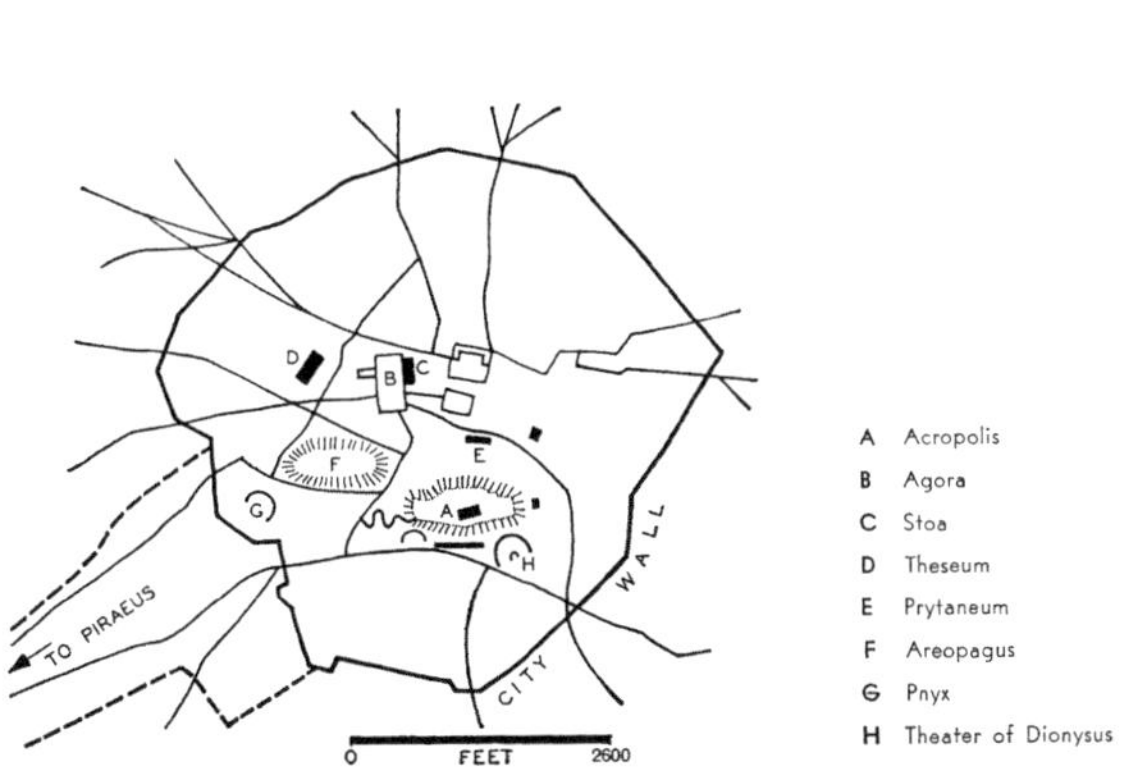

茫漠と拡散した現代の大都市郊外はしばしば "There is no where there"（そこはどこでもない）無性格な空間となり、人びとは人間的スケールのコミュニティーの復活を直感的に求め始めているのではないだろうか。ところがわが国の都市計画法律制度は、中央官庁所在の東京という大都市がすべての規範となり下敷きとされて、日本中の都市をあたかも東京のひな形にでもするように、スケールを無視した杜撰な姿勢で長い間扱ってきたようだ。行政の効率論が主導し、人為的に行政域を広げ人口規模を拡大した市町村合併による都市の姿はもちろん本来のものではない。

本来のマチは歴史的に育まれてきた土地の人・コミュニティーの営みと、地形や植生、気候、家、道路などの人工環境などを含めた〝風土〟という一つの場だからだ。このような問題意識の中で逗子という小さなマチの成り立ち、そのスケールのもつ利点を生かしたまちづくりの軌跡がどのようなものであったかを見ていくのも本書の目的の一つである。

## 逗子の特性と選択の意義

逗子は東京の西南約六〇キロにあり、いわゆる〝湘南〟の東端、三浦半島のつけ根にある。古都鎌倉と御用邸のある葉山にはさまれたアイデンティティーのあやふやなマチだが、かつては避暑地避寒地として人気があり、それなりの風格があった。一九六〇年以降、横浜や東京への通勤拠点都市として丘陵地の開発、埋立てによる開発が進んだ。市域の広さは約一八平方キロ、東西約七キロ、南北約四・五キロ、海岸線約四キロ、三方を山に囲まれ海に面した一つの小さな洪積平野と、丘陵を越えて鎌倉近く小さな漁港をもつ独立した小坪集落が付属した行政地域である。

ローマ古地図

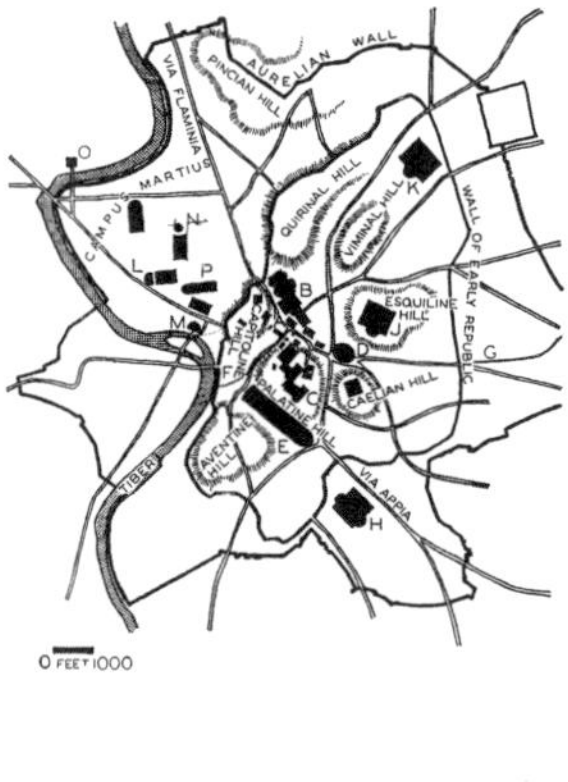


A Forum Romanum
B Forum of Emperors
C Palace of the Emperors
D Colosseum
E Circus Maximus
F Cloaca Maxima
G Claudian Aqueduct
H Baths of Caracalla
J Baths of Trajan
K Baths of Diocletian
L Theater of Pompey
M Theater of Marcellus
N Pantheon
O Tomb of Hadrian
P Circus Flaminius

この地形は、日本の海岸線に沿った無数の集落の原型であり、丘陵が三方を囲み、集水域のはっきりした川が流れ、平地に田畑が営まれ、海岸線は砂浜・白砂青松の地であり、漁師の苫屋が点在していた、言わばごく一般的な日本の原風景をなした集落と言ってよい。

社会構成としては一九二〇年第一回国勢調査時約九〇〇〇人、一九三五年約一・八万人、終戦時には縁故疎開人口を含めて約二万余、その後経済発展に伴う首都圏の人口増の影響で現在人口約六万人である。今後も人口減はあまりないとされているが、高齢人口の比率は全国平均より高く、マチの安定のためには高齢者が住みやすく、若年人口の定着を目指した魅力ある自然環境や住環境の整備に注意を払ったバランスのとれたまちづくり・都市経営の戦略、また逗子らしい住み方のライフスタイルが新たに求められているところである。

戦前の東京人の多くは借家住まいで、住まいの選択の自由度が大きかった。下町、山の手、新しい郊外地などの選択肢があり、それぞれの生活・ライススタイルのイメージがあって、どこに住むかは主体的な選択行為だった。したがって選択した土地柄に合った生活のイメージを日常的に育む姿勢が自ずとあり、そのイメージに寄り添いふくらます住まい方や住宅のスタイルがあった。ところが戦後の住宅政策は私有財産定着に主眼を置いた〝持家〟であり、通勤可能な圏内で一生一度の大きな買い物に長期ローンを組んでしまうと、居住地の選択は小さくなり、居住地の選択の自由が縮小したと言ってよいだろう。

逗子の場合、戦前の別荘族は〝逗子〟という非日常の〝場〟を特に選択して別荘生活のライフスタイルをもったのであって、どこでもよかったわけではない。中には徳富蘆花の

一九〇〇年当時の逗子市新宿地区周辺位置図

『自然と人生』や『不如帰』に触発されて、そのイメージの中で別荘をもった人も多かったろう。だからなるべく〝逗子らしい自然の中〟に人生の一場面をおいてみたかったのだ。

私の一番古い逗子の記憶はアジア太平洋戦争の始まった年、東京の家を改築中の一年余りを一九〇〇年に祖父が建てた逗子の家に住んだときのことである。その頃の逗子はいまだ保養地・別荘地の色彩がつよく残っていた。戦後当分空き家になっていたその家に定住し始めたのは、結婚した一九六五年だからちょうど半世紀になる。その頃から逗子にも高度成長の波がひた寄せ、保養地から東京への通勤ベッドタウンに変貌しつつあった。この小さなマチの景観と市民生活の変貌は、おそらく日本の大都市周辺の多くの小さなマチの変貌と相通じるのであろう。

## 明治から戦前の別荘族と原風景の生成

戦前の別荘開発は、短期間に集中して行われたいわゆる〝宅地造成開発〟とだいぶ違って、時間をかけて地元との折り合いをつけながらより人間的な関わりの中で地域になじんでいったのではないかと思う。

別荘の経済的なインパクトについて言えば、半農半漁撈の地域限定的なつつましい生活をしていた人びとのほとんどすべての経済活動が地元に還元されるかたちで行われていた。別荘時代になると、当時若い女性の限られた就労機会が、近くの別荘での家事見習いとして発生した。男は別荘建設に伴う地元の建設業などへの就労、年寄りには別荘番や庭師の仕事、若者には都会人の別荘族から受ける刺激、個人商店の売上げ増など、大方はプラスの地元還元的な営みであったと言えるかもしれない。新宿浜の不毛な砂丘地の別荘地

一九八〇年当時の逗子市鳥瞰写真

としての売却などは、地元地主にとっては想定外の不動産収入を生んだことだろう。

現在はコンビニなどの全国的チェーン店やスーパーなどの大店舗、住宅メーカー、開発業者や大きな工務店など、ほとんどすべてが東京など地元外の（大）企業の経済行為に還元されて吸い上げられ、地元の人間は単にこれらの組織の末端で管理される無性格で非人格的な存在となっている。職人も主体性ある仕事をしているのではなく、単に稼ぎのある作業員になっている場合が多いと思われる。これに対するアンティテーゼが若者の中で現在新しい波として顕在化しつつあり、それは後に「六　あとがきに代えて」で述べるつもりだ。

もともと別荘人種は逗子の風土気候を求めたからこそ別荘を建てたのだから、地元の人びとの生活環境を当然の下地としてそのまま受け入れた。逗子という場を自分のイメージを損なうように変化させる意図はなかったと言ってよく、むしろ場合によってその環境を地元の手を通じて自分のもつ逗子らしさに向けて改良し、一定期間であってもその中に同化することを望んでいたのではないかと思う。

当時、新宿浜の不毛な砂丘に別荘をつくった人びとは、宅地内に補植して黒松の群生を豊かにし、自らイメージする白砂青松の豊かな自然へ向けて居住地を改良することを意図したのではなかろうか。不毛な砂丘という原風景はある意味変えられたが、豊かな黒松林という好ましい自然環境が新しい原風景として生成されたとも言えよう。

新築当時の長島邸母屋、一九〇〇年当時の川からの眺め

## 逗子の移り変わり

### 明治の頃、別荘の始まり

逗子、葉山は、もともと半農半漁の土地柄である。隣の鎌倉という歴史的マチの陰影の深さに隠れ、晴れがましい御用邸や明治の元勲などの別荘の多かった葉山との間にはさまれてむしろ地味な存在だっただろう。横須賀線が一八八九年に開通し、その五年後葉山に御用邸ができた。この頃から逗子、葉山には華族貴顕や外国の公商館の別荘が続々と建てられた。日英同盟の条約も首相を取り巻く重臣たちの葉山の別荘で練られたという。

当時の赤坂の料亭などはむしろ高級官吏の出入りする場所で、大物政治家は自宅をもって会談の場所としたらしい。戦後、吉田茂総理大臣が大磯に別荘をかまえ政治家の〝大磯参り〟が盛んだったのは、このような戦前の気風とステイタスを維持したのだろう。ちなみに、イギリスの執事をモデルにしたカズオ・イシグロKazuo Ishiguroの小説『日の名残り』には、時の宰相チェンバレンが招致したナチス・ドイツ要人を含めた平和外交交渉の場は、彼自身の宏大なカントリーハウスが舞台となっている。

逗子がマチとして発展したのは明治に入ってからで、横浜の開港、特に横須賀軍港を結ぶ横須賀線の開通、葉山の御用邸への玄関口となった逗子駅の立地がインパクトとなった。築地の居留地、横浜に集まった外国公館や商館の異人さんの週末住宅、東南アジアに住む西洋人にとっての身近な文明国日本での避暑地、文明開化の恩恵を受けた華族・富豪・官吏、そして学者、法律家などの別荘地、あるいは横須賀海軍基地の高級軍人家族の住まい

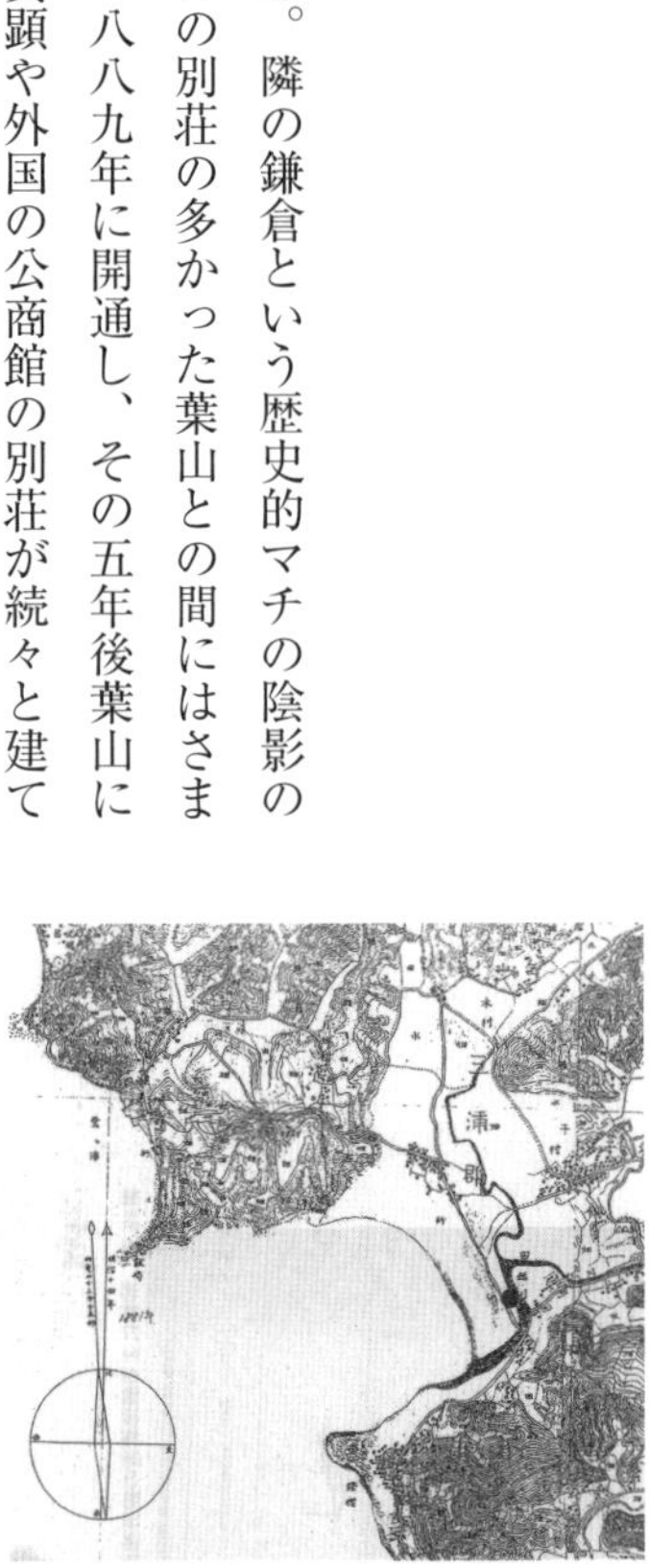
一八八二年の逗子市地図

大正時代の逗子駅

として発展したのである。葉山生まれの葉山育ちで〝西洋人の皮を着た日本人〟と言われ、最近九三歳で亡くなったイギリスの音楽家・執筆家ドロシー・ブリトン（レディー・バウチャー）さんもその一人である。

明治時代中期、夏の週末には、当時唯一洋楽を奏した横須賀海軍軍楽隊を招いて、海に面した芝生の庭園で西洋音楽を演奏させた外交官や富豪もいたらしく、夏休みに逗子に来ていた少年だった父の記憶にも残っている。逗子の海岸を散策しながら、たとえばレハールのメリーウィドウワルツなどが聞こえてくることを想像してみることもできよう。しかしその後大正時代にできた洒落た「なぎさホテル」も消えた現在、このような想像を働かせるのは至難の業になってしまった。

新宿浜の別荘は、地元の人たちが津波や台風の直撃を怖れてとても住む気のしない海浜の砂丘の上に開発された。直接海に接する土地でも年間を通じて住まない別荘だから、まあいいかというかたちで土地が売られ、主に外国人の洋館が建ち並ぶ新開地になったのだろう。案の定、浜に直面した別荘洋館は一九二三年の関東大地震と津波で壊滅した。

## 明治の洋館

明治期の建築家の関わり：明治期になると急激な西洋化の時代を迎え、西洋様式の建物が最先端の新しい建築として導入されたが、初期の西洋的な建物は日本の棟梁が自らの木構造の技術を駆使して見よう見まねでつくった、主として木造のいわゆる擬洋式で、それがまた極めて魅力的な産物だった。

ところが明治半ばになると、コンドルなどの外国人建築家や海外留学から帰った工部大

明治期の海岸の洋館の町並み

学校出の社会的エリート〝建築家〟が、石造、レンガ造などの本格的な西洋建築様式をつくり始めた。それらは主として権威的な官庁建築や銀行、商館、貴族・富豪の邸宅等に限定されていて、民間ではいまだ伝統的な建築が主流だった。

明治天皇が内外貴顕から招待を受けられる際必ず洋装で出向かれたので、迎える側ではどうしても洋館が必要だったという。それも背景にあって、明治の支配階級の間で洋風建築が競って建てられたという。天皇が率先して西洋化の先頭を切っているという表象が必要だったのだろう。

**棟梁・松井治吉の仕事**：逗子の建物、主に住宅の変遷を見ると、伝統社会の棟梁・大工の伝統的かつ先端的な役割を考えさせられる。士農工商の階級制度の中で〝工〟が〝商〟の上に位置したのは単に武家社会のご都合でなかったのだろうか。頭だけでなく手を使う職能が、経済的利益のためにソフトウェアを操作するだけの生き方よりも大切に思われていたのは、ヨーロッパの伝統社会でも同じだった。その意味、江戸社会の建前としての価値観は健全だったとも言えるのではないだろうか。

日本の伝統社会では、棟梁が一貫して地域の家や神社の新規建設や修復修繕を担ってきた。地域社会でだいたい一〇〇戸くらいの規模を対象として仕事をしていれば生計が立ったと言われている。顔の見えるコミュニティーの中でお互いの信頼関係の中で仕事をすることで、自然と生まれる仕事の質への誇りと責任感が、棟梁を単なる技能者・職能者ではなく社会からの信頼を得、倫理的なインテグリティーintegrityをもった本物のプロフェッショナル（あえて日本語訳をしない）と言えるだけの存在としたのだろう。逗子では松井治吉という棟梁が多くの別荘建築をも手がけた。その一つが一九〇〇年につくられた法律

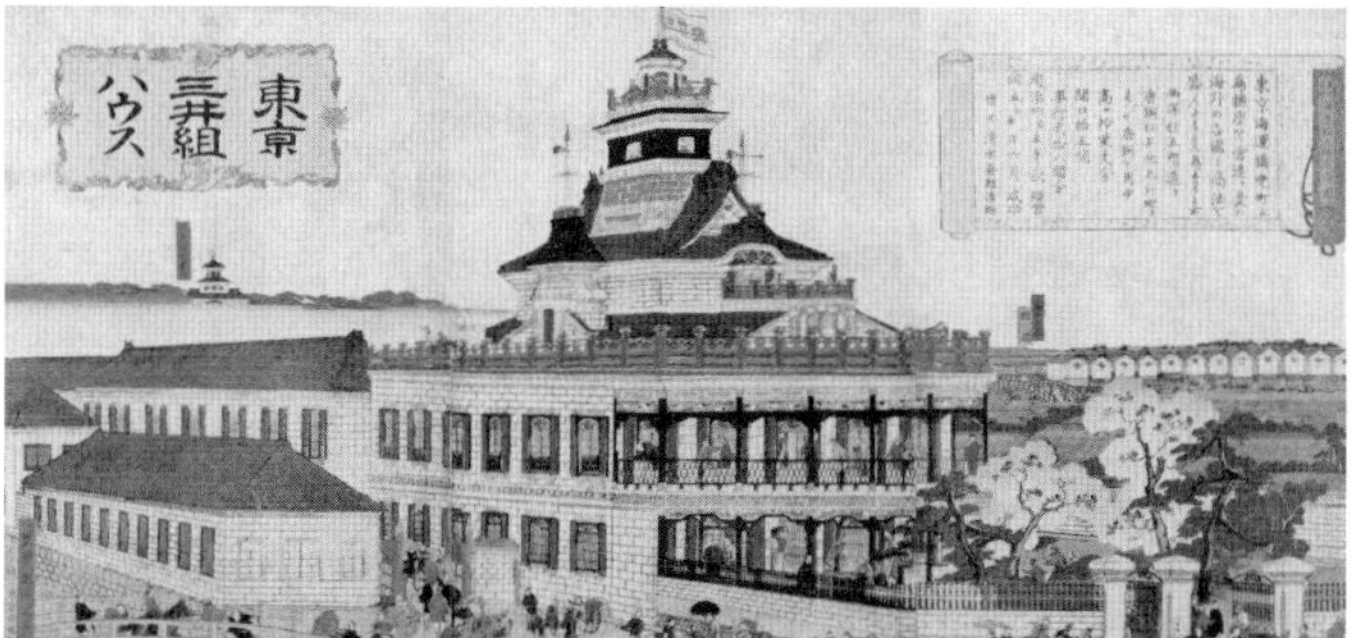


擬洋風の建築浮世絵図

家長島鷲太郎の別荘である。

この家の特長として、全長九間の矩折の広縁に一間ごとに五寸の柱を配している。これはどう見てもコロニアル風均等スパンのバルコニーからヒントを得ているとしか思えない。孫に当たる松井為吉さんの話によれば、治吉は若いとき横浜で徒弟修行したそうで、当然コロニアル風のバルコニーをもった洋館も建てたに違いなく、その影響があるのだと思う。この密な列柱のおかげでゆとりある強度が得られ、関東大震災にもちこたえた。平成八年、残り少ない明治の別荘建築として文化庁の登録有形文化財となり得たというわけだ。ちなみに京都の東本願寺本堂を見ると、やはり壁がない代わりに密な列柱で構成されている。木造柱梁建築の耐震工法の一つだろう。筋交いさえ入れればよいというわけではないのだ。

わが家の向かいには終戦後、伏見宮家の居宅となっていた本格的な洋館が黒松林の中に聳えていた時期がある。また並びにも松井棟梁の建てたニューイングランド風の瀟洒な貸し別荘が二軒あった。これは松井棟梁が自ら施主として好きなようにつくったので、かなり凝った造りだった。田越川（御最後川）の畔に建つこの家のもつ雰囲気は、それまで洋館に住んだことのなかった幼少の私には極めてエキゾチックに思えたのだった。

後にハーバードGSD大学院の時期をニューイングランドのケンブリッジ市アーヴィング通りにある下宿で過ごしたとき、何となく慣れ親しんだ場所に帰って来たように感じたのは、おそらく逗子の洋館の記憶があって、特にこの二軒の白いコロニアル風住宅のせいではないかと思う。これも私にとって一つの原風景だったのだろう。松井棟梁が、彼なりに新時代の逗子を理解し結実させた、ベランダやポルティコのあるニューイングランド・

松井治吉棟梁の手がけた建物分布図

長島鷲太郎邸

コロニアル風の住宅や和風洋館は、現代のハウスメーカーものに比べてよほど湘南の気候にふさわしい風土性をもち、原風景としての発展性があると思えてならない。

## 戦前の雰囲気、ハイカラと和風

現存する東伏見宮の葉山別邸は大正初期のものである。日本館部分と洋館とに分かれており、私が一九八八年に修復を担当させていただいた洋館は、イギリス帰りの海軍軍人の宮殿下の好みが強く表れている。おそらく葉山滞在中の天皇の御成りも視野に入れている。公的な使用も考えた一階は完全に洋風だが、二階のプライベートな寝室部分が和風なのは、宮家の生活上の建前と本音の使い分けを見るようで興味深い。

昭和時代に入ってもほとんどすべての個人家屋は伝統工法による木造で、大工棟梁の腕を振るう余地は十分にあった。おそらく木材も逗子周辺から伐り出されたものだろうし、車による交通手段も発達していなかったから資材の運搬、職人の手配からして地域の大工棟梁が地域限定で活躍する必然性は十分にあった。職人の腕の質から言えば昭和初期、日中戦争（支那事変、一九三三〜四五年）の始まる前くらいまでのそれが最高峰であったとも言われる。それは大正時代の関東大震災の復興によって十分過ぎるくらいの仕事量があったことと、震災を経験した大工棟梁は耐震的にも新しい工夫をも加えたからである。

長く続く日中戦争のために若い職人は戦場に投入され、引き続き太平洋戦争に突入したために先輩からの技の伝承も十分にされなくなった。そして敗戦とともに辛うじて生還して先輩職人から技術を学ぼうにも、親方の高齢化が進み、国土は荒れ資材も払底し、

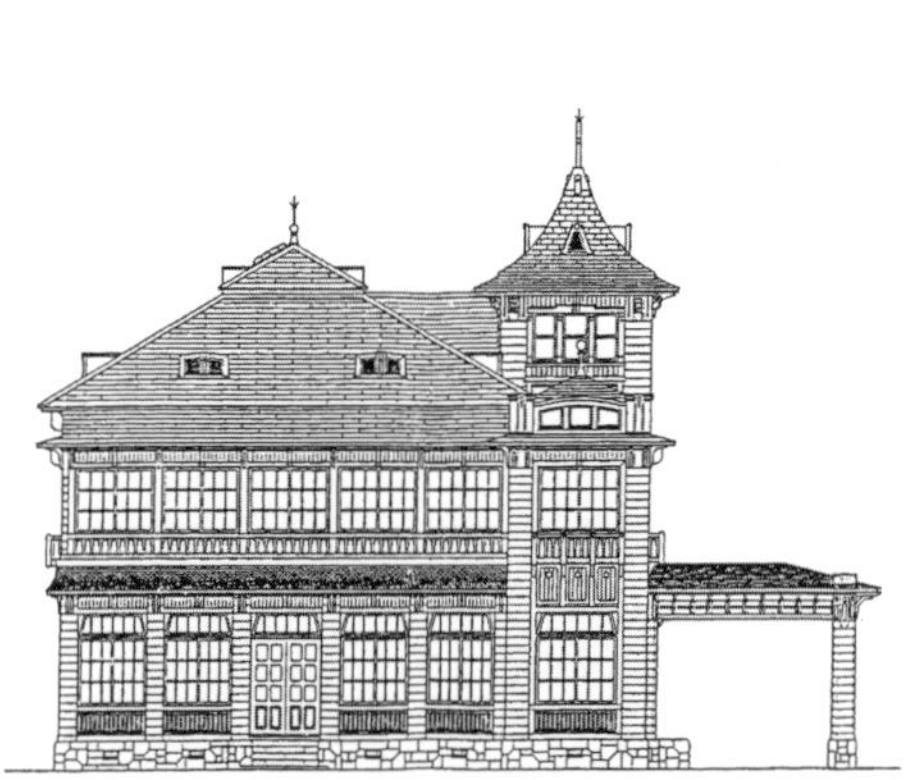

旧・東伏見宮別邸（イエズス孝女会修道院別館）立面図

まともな家をつくれる状態になかった。技術の伝播をしようにも、その手段となる仕事がなかったのである。このような不毛な時期が四半世紀以上続いたと言ってもよい。手と頭を使う職能である職人の技は仕事がなければ伝承のしようがない。その意味で伊勢神宮の二〇年ごとの式年遷宮は、持続的な技能の伝播にとって大きな意義をもっているとあらためて思う。

アジア太平洋戦争が始まるまでの逗子、葉山はいまだに奇妙にハイカラでもあり、また同時に日本的な低層住宅地のまとまった雰囲気を残した地域だった。戦争勃発頃までは横須賀線の逗子駅に降り立つとたくさんの人力車が待ち受けていた。東京から来てその一台に乗って商店街を通り抜けまっすぐ海に向かうと、両側からトンネル状に松の枝が覆い被さり、地元でボサ垣と呼ぶ篠竹の垣根に縁どられた砂地の道に出る。東郷平八郎元帥の逗子別邸の手前、東郷橋から道をまっすぐ海岸に向かうと、人力車の高みから子供にもまぶしく光る海と水平線が見えてくる。そのとき「ああ、逗子に来た」という期待に満ちた実感が湧いたものである。

海岸から並行にひと区画陸側に入った狭い直線的な道筋（旧六浦街道の一部、通称屋敷通り）には富士見橋から新宿稲荷神社までの一キロ余り、黒松の枝が連続してトンネル状に覆い被さり、和風の別荘に混じって白いペンキ塗りのニューイングランド風の貸し別荘、ハイカラな人士の大げさな洋館だのがときどき顔を見せている。その結果、全体としては日本的でありながら何かエキゾチックな雰囲気をかもし出していたのだった。

戦争が始まってから間もなくまでは、おそらく当時の同盟国のドイツ人やイタリア人だろう、海岸を夫婦で散歩する異人さんもおり、海岸の一角を占める「なぎさホテル」の

旧・藤瀬・脇村邸

松井治吉作の洋館の玄関

食堂では、日曜ともなると葉山との境の鐙摺の岩場で採れた伊勢海老（逗子えび？）の定食を平らげている人士を見かけることもあった。

## 経済成長時代の住宅産業の優越

高度成長時代に都市の住宅は新建材や技術的洗練のない工務店でつくられ、その挙句に北米型のツーバイフォーが導入され、住宅産業が大量の規格型住宅を供給するようになった。極端に言えば、ノコギリとトンカチさえあればできてしまうアメリカ風の〝Do It Yourself〟的レベルの住宅の一般化は、急速に職人の職を奪い技倆の劣化をもたらした。〝商〟が〝工〟を完全に支配する状況となったのだ。

人びとの伝統的和風建築に対する評価は不当に低くなり、曰く、冬寒い、メンテナンスに金が掛かる、修繕してくれる職人がいない、などで一顧もされない状態となってしまった。しかし実は私が住んでいる家は一九〇〇年に建てられた築一一五年の和風建築だが、雨戸の代わりにガラスサッシを入れることによって結果的に二重ガラスのしつらえとなり、冬でも高齢者が適度の快適さで住める家となっていることをお伝えしておきたい。また関東大震災以降もたびたび地震に見舞われているが、壁には亀裂一つない。まともな伝統工法でつくられたからである。

ちなみに神戸淡路大震災の折、戦後間もなく建てられ、間に合わせの資材でつくられた伝統工法の家屋の被害が大きく、耐震性についてのイメージを損ない、ハウスメーカーの新工法宣伝の機会をつくった側面もあるようだ。このような状況の中で、住宅建築はクライアントと企業の間の単なる買い手と売り手の金銭経済関係に堕したとも言えるだろう。

## マチの原風景

### 〝故郷〟と呼べる原風景をつくる

まちづくりの会合などでよく出るのは〝逗子らしさ〟というキーワードだが、誰もその内容を理解して話しているわけではなく、その言葉だけが浮遊しているように思える。しかし皆一様に漠然とだが大事なことだとは思っているらしい。〝逗子らしさ〟というのは、結局どこにも実現される見通しがない空虚な目標となっているように思えてくる。

この〝逗子らしさ〟と〝原風景〟との関係を探ってみれば、もう少しその実体が見えてくるのかもしれない。もっとも〝逗子らしさ〟という総括的な〝らしさ〟はむしろ曖昧で、新宿らしさとか久木らしさとか、歴史的にその地形、植生、地区の局地的気候、地域社会のまとまりであった〝字〟や〝小字〟単位に還元したほうが、ミクロな〝風土〟の特性としての〝らしさ〟をイメージしやすいという感じはある。結論的に言えば〝字〟程度の〝原風景〟の集合体が〝逗子らしさ〟の基底を成すのではないかと思うのである。

冒頭に結論らしきものを述べてしまったが、今まで見てきたように、逗子というマチの成り立ちには自然環境の背景や歴史、社会経済的構造の変遷があり、開発の波にさらされても失われない、あるいは住民としてどうしても維持していきたい景観要素、マチの風景が存在するのではないだろうか。このような内容をもった原風景を捨象しては逗子らしさは継承できないし、新しいまちづくりをしても空疎な物的環境が過去との脈絡なくできていくことになる。継承なき発展は空疎な味気ないものにならざるを得ない。

字、小字の分布図、一九六〇年逗子全図

## マチの原風景の継承と発展

逗子、葉山の本来の姿を見ようとするなら、今見える風景の裏に透けて見えあるいは見え隠れする近過去の逗子、葉山の原風景を探る心象的な手続きが要る。別荘文化の痕跡としては、比較的程度のよい近代和風建築がわずかだが点的に残されているが、洋館はほとんどなくなった。残念ながら一九六〇年代までは黒松の群生が豊かだった町並みや地域が、小規模宅地分譲や駐車場となって一木一草残さずに平らにされ、その痕跡はほとんど消失した。明治以前の景観や人の営みを知る人たちもほとんど死に絶えた今、当時のライフスタイルは想像するのみとなった。それだけではなく、マチの涼しさを担保していた黒松をはじめとする樹木の量が減り、ヒートアイランド現象が見られるようになった。

黒松が地元の原風景の大きな要素だったことすらもとっくに忘れ去られている。丘陵の新興住宅地から市の中心に通じる池田通りが拡張されて街路樹の話が出たとき、椰子の木を植えてハワイアンもどきの通りにしようという案が商店会でまじめに出される時代となったのだ。風土の記憶が消えてしまって、マチを商業目的を主眼においたテーマパークにするという安易なまちづくりが出現し始めているのだ。

披露山の天辺を削り取った土で小坪の海の埋立てをするという、商業的には合理的な方法でできた〝逗子マリーナ〟が売りにしたのは、当地の気候に素直には適応できない椰子の並木、安っぽいスペイン風のマンションを売りにしたテーマパーク的環境である。地域の風土の記憶を呼び覚ます〝原〟風景要素が消失したとき、〝現〟風景は羅針盤を失って糸の切れた凧のようにどこに行くかわからなくなる。新開発地は周辺環境の文脈につながる術をもてず、過去とは不連続な開発が横行するのである。

逗子マリーナ、輸入されたヤシの木のテーマパーク

海水浴客で埋めつくされた逗子海岸（昭和四〇年頃）

そして、新しい世代、新しい住民は土地への住みつき方の手がかり、作法を失ってしまう。継承なき発展の結果できるマチはその土地の〝らしさ identity〟を全く獲得できないで終わることになる。商業主義が先頭に立って、わずかながらでも残っているものまでも破壊してしまうのだ。これはじわじわと、そしてあるときから急激に進行する、おそるべき〝故郷喪失＝ハイマートロス haimatlos〟現象であり、そのまま放っておいてよいものとは思えない。この緩慢に進行する破壊、商業主義への警戒のなさは全国共通の問題であり、それが言わば〝一億玉砕〟ならぬ〝一億総故郷喪失〟の状態を蔓延させているのではないだろうか。

ところで逗子の〝原風景〟とは何だろう。原風景とはその地域に住む人の意識、無意識の中に刻まれた個人的・集団的な記憶・心象風景だとすると、逗子、葉山の原風景とは何だろう。また当今逗子を訪れる人は何を手がかりに逗子をイメージするだろうか。海岸線を走る国道一三四号線に沿って移動してみる。一貫しているのは西に向かって見える逗子湾の海と水平線上の伊豆半島と富士山である。ここまでは現風景はほぼイコール原風景である。そして鎌倉側の小坪からはいくつかのマリーナが海岸に沿って点在する。陸側に目をやればそこにはマンションが大型建物代表として目につき、丘陵の上に新しく造成された住宅団地が目に入る。これだけを見ればまことに変哲のない環境的、景観的に劣化しつつある典型的〝湘南〟の風景である。これらが次世代の人びとにとっての原風景になるとしたら、気の毒を通り過ぎて絶望に近くなるのではないか。

マチの景観には、そこに束の間でも住んだ人間にとっても、故郷と感じられる何かがなければならない。すでに死んでいった人たちの痕跡も、その人たちの将来へ向けての思い

マンション群と丘陵の新住宅地、披露山公園からの光景

も斟酌して取り込まなければならないのだ。原風景とはそういう役割をもっているのではないか。環境の維持や建物の保存活用も、風土という場の記憶としての原風景という視点が必要であろう。

現代社会では人びとがノーマッド（遊牧民）化し、自分の居場所がなくなっていると言われている。しかし自分がある期間でも実際に過ごしたマチ、自分の日常生活を送った場が愛情をもって思い出されるものならば、その人は幸せであり、そのマチは程度こそ違えその人の故郷となるのであろう。

しかもそれが集団的にも記憶の底に残っているならば、それはその土地におけるコミュニティー存在の証でもあろう。風土という〝場〟としての地域そのものを物理的に失い、ばらばらに他所に移された人たちは存在の根底を揺るがされる。それ故に東北災害の復興には原風景の視点からアプローチするのは当然であり、根本的なまちづくり方法論のはずである。まちづくりの根本は原風景の継承と発展にあると考えるのは自然ではないだろうか。以下、逗子の具体的な原風景要素のいくつかを挙げてみよう。

**逗子海岸からの遠景：夏の夕日が伊豆半島と富士の秀麗な姿を赤紫色に浮き彫りにする**頃、戦前の浜辺では海苔養殖の棒がおだやかな波の間に間に見え隠れし、漁師が地引網を拡げ、鯵がキラキラ光って飛び跳ねている風景が見られた。ちなみに国木田独歩の『自然と人生』の中の「逗子の砂山日暮れて…」の〝たき火〟では、逗子の夕暮れの寂しい砂山で遊ぶ子たちの姿が描かれている。それを彷彿とさせる浮世絵的な雰囲気もいまだ残っていた。

この一〇〇年間に行われた環境破壊とマチこわしの残滓を多く含んだ近景を捨象し、海

昭和六十年代逗子海岸での海苔養殖網

岸沿いにそそり立つ老松、松の群生を背後にした白砂の浜や鐙摺の岩場などを彷彿すれば、原風景の名残りを想像することもできる。穏やかな海、水際まで迫った緑の丘陵、相模湾遙かに横たわる伊豆箱根の連山、その上に浮かぶ霊峰富士の高峰を含む遠景は「国破れて山河あり」と言うか、悠久の自然として現在でも原風景のまま残っている。遠景の〝現風景〟はすなわち〝原風景〟として存在するのだ。

地元の文豪徳富蘆花が一九〇〇年に上梓した『自然と人生』の美文を見よう。

…初め日の西に傾くや、富士を初め相豆の連山は煙の如く薄し。…日更に傾くや、富士を初め相豆の連山紫の肌に金煙を帯ぶ。此時浜に立って望めば、落日海に流れて、吾が足下に至り、海上の舟は皆金光を放ち…。

己にして日いよいよ落ちて伊豆の山にかかるや、相豆の山忽ちにして印度藍色に変ず。唯富士の嶺旧によって紫上更に金光を帯ぶるのみ。…日は入りぬ。然も余光の忽ちや箭の如く上射し、西空金よりも黄なるを見ずや。

**田越川の風情**：田越川は逗子の大谷戸全域の雨を集めているのと干潮河川であるために、下流ではかなり川幅が広く、現在では鎌倉の滑川よりも見かけはよほど豊かな水量を誇っている。わが家は田越川下流の畔にもっぱら夏を旨として建てた別荘だけに、冬の寒さは子供心にも残っている。母が口ずさんでいた「さ霧消ゆる湊への　船に白き朝の霜、観よ水鳥の声はして、未だ覚めぬ　岸の家」という歌そのままの冬の光景があった。

田越川は別名「御最後川」とも言われ、この川の畔で平家最後の嫡男六代御前が鎌倉政権に斬首されたからである。平家物語二八〇段は「六代被斬」、「それよりしてこそ平家の子孫は永遠に断へにけり」の段をもって終わる。この九年来、毎年「湘南邸園文化祭」の

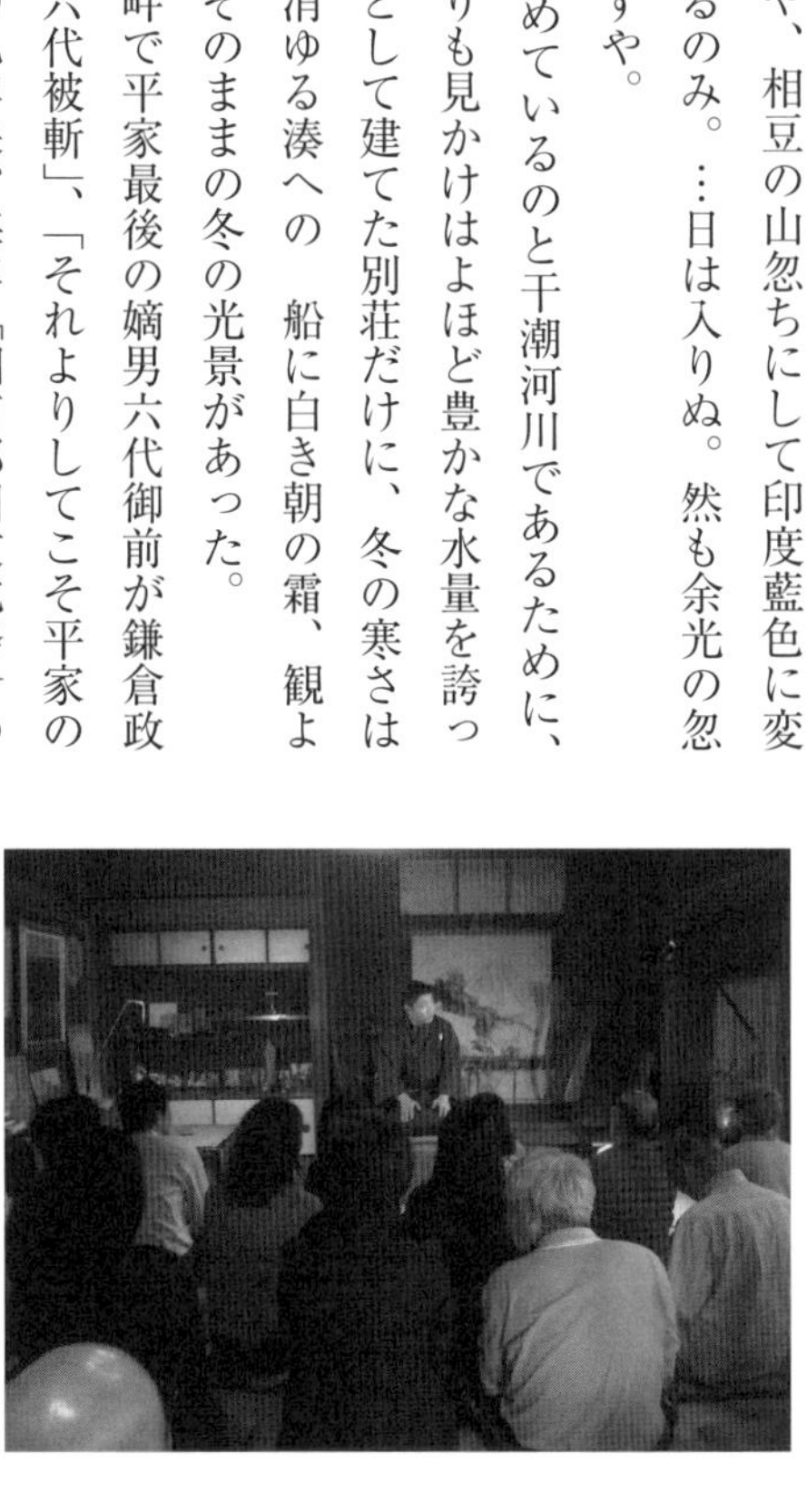

文化財住宅で聴く「平家物語」の語り

一環としてわが家で〝文化財住宅で聴く平家物語〟なる琵琶のイベントを開催しているが、その中で必ず平家物語最終の段、「六代被斬」の演奏で平家の魂に供養している。やはり御最後川を通じて、六代御前に代表される地域の死者とわれわれ生者は一つにつながっているはずだからである。

ちなみに現在、田越川の護岸の改修と合わせて幅員三メートルの河川管理用通路の造成が進められている。これが完成すれば事実上の〝田越川プロムナード〟ができるわけで、川の姿を市民がじかに見る機会が増えるだけでなく、川沿いの住宅地から逗子小学校へ安全で快適な通学路が生まれ、特に高齢者にやさしい散歩道となり、逗子駅から海岸に至り河口から新逗子駅に至る回遊路となり、市中心の活性化にも寄与することが想像できるだろう。

**黒松群生の松籟**：家の前の旧六浦街道（通称屋敷通り）の町並みは、つい半世紀前まで黒松並木のトンネルだった。直線的で幅の狭い道路なので、街路樹の松はなく、松の並木と見えるのは沿道の宅地に生える松の枝が道に張り出して自然にできた空間である。言わば〝宅地内緑化〟の賜物だったから、六〇年代以降の宅地細分化やマンションによって宅地が削られれば、ごく簡単に消えてなくなる運命にあった。

三浦半島は終戦まで要塞地域として撮影やスケッチ禁止の区域だったので、民間の手に入る航空写真は皆無だった。だが終戦まもなく「なぎさホテル」が接収され、進駐軍による空撮が行われた。その一枚に新宿浜と「なぎさホテル」を前面とした新宿地区の航空写真があるが、それを見ると新宿地区が黒松の群生に覆はれていたことがよくわかる。現在わが家の敷地にある十数本の黒松の群生は、「逗子まちづくり研究会」が授与した逗子景

田越川プロムナードのイメージ

黒門の伊藤・長島家間のわずかに残った黒松のトンネル状の群生

観賞を受け、市の保存樹木奨励の施策の対象ともなっている。これがかつてごく普通だった景観が現在極めて稀になったこと、原風景喪失の証となっているのは皮肉である。

## 和洋折衷のヴァナキュラー

明治、大正から昭和の初期にかけて、土地の大工棟梁が逗子、葉山のハイカラ好みの滞在客に応えてつくった和洋折衷のヴァナキュラー建築は、別荘文化の痕跡として興味深い。明治期のものはまだしも、大正、昭和の初期の建物は今のところほとんど保存の手段がとられていないので、この種の建物は稀になってしまった。しかし住宅地の中を丹念に歩けば、それらしきものを見つけるのは不可能ではない。

逗子の洋館のタイプにはいろいろあって、大正、昭和期の新しいものの中には、凝ったチューダースタイルのものまであったが、これらは洋館の設計やつくり方にかなり慣れてきた時代のもので、田園調布や池田山に見られる都会風の贅沢な建物に近く、三浦半島・逗子の気候風土を意識してつくられていないからそれほど面白くない。

むしろ明治時代、土地の大工が在来工法の中で何とかハイカラ好みの施主の要望に応えようとしてつくった貸別荘で、日本瓦入母屋に、ドイツ風下見板張りの壁、ポーチ付き、ペンキ塗り、引違い窓といったもののほうが面白い。いかにも近代化に一生懸命な和洋折衷で、それでいて海岸保養地らしい気の置けない感じがよい。

濡れ縁、縁側廊下という伝統住宅の語彙、ポーチとかサンルームとかの、どことなくコロニアル風の建築（長崎のグラバー邸など）は、エアコンのない時代に逗子、葉山の気候風土に適合し夏の過ごしやすさを備えようとした努力の賜物であり、それが自然に新時代

黒松の優越する住宅地と米軍に接収されたなぎさホテル、終戦直後の航空写真

日本瓦入母屋式の屋根にドイツ風下見板張りの壁の貸別荘

のリゾート地の雰囲気をつくっていたのだろう。その合理性から究極の省エネ住宅の原型ともなりえて、新しい原風景をつくる可能性を秘めていたのだと思うが、今はその気配がない。真に環境共生型の住宅が開発されれば、それは新しい健全な原風景要素となりうると思う。

## 住宅地と店舗の混在

黒松並木の終わろうとする富士見橋の袂に昔から和田釣具店がある。橋を渡ったところには甘酒屋と雑貨屋があり最近までは薬屋もあった。河口の方へ少し行くと魚幸という魚屋もあった。それぞれ近隣の日常的な需要に応えた商店だった。そこは近くの人が自然に集散する拠点で、主婦や使用人のゴシップの交わされる場でもあり、近隣住民の日常にほどよい役割を果たし、そこには自ずから近隣への目くばりもあった。

考えてみれば住宅地の中に小売店舗が混在するのは本来の日本のマチの〝かた〟の一つで、住宅地を便利で住みやすい生活の場とする核となっていたのではないかと思う。これには経済活動のあり方が影響している。地域の人が地域の人びとを対象にして小さな個人的生業を営んでいるとき、自然に生まれた地域の構造だったのである。

別に述べるグランドデザイン構想に出ている「ふれあいコミュニティー」のコンセプト、すなわち無理のない歩行範囲半径二〇〇〜二五〇メートルの〝顔の見えるコミュニティー〟として考えられた日常生活圏・ふれあい活動圏の中心に、地区で必要な託児所、託老所（デイケアセンター）などその地域で必要な公益施設やカフェー、コンビニ的商業施設などの核（コアア）をつくる考えの原型は、すでに伝統的なマチのシステムとして実際

富士見橋たもとの近隣商店

に存在していたのである。それを今後予想される大津波に備えて一時避難防災施設として立体的にしつらえる検討もあってよいと思う。

それにしても土地利用形態の純化と、大きな地域を一律同じ土地利用で塗りたくるアメリカ式都市計画のあり方を、土地の広さが土台異なる日本へ直輸入したのには大きな問題があることをあらためて思うのである。

## 「なぎさホテル」のモダン

「なぎさホテル」は、大正一五年に建てられ平成元年に取り壊されたが、大正・昭和初期の優雅な時代に内外の様々な人士を迎えた歴史がある。ところが進駐軍の接収が終わって再開業はしたが、経営不振からビル管理会社に経営の主体が移っていた。ホテル事業に疎い経営者の下でますます経営悪化に陥ったのは当然である。したがってホテルはロードサイドのファミリーレストラン用地として売却されることとなった。長らく知合いになっていたマネージャーがそれを教えてくれ、また貴重な写真を譲ってくれた。

「なぎさホテル」の知名度はすでに大きかったので、もし適当なホテル業者が引き受ければ、おそらく近代的な増築を加えたりして立派に事業再建ができるのではないか、それが私たち近隣住民や地元在住の建築家たちの見立てだった。そこで急遽、逗子、葉山の市民有志が売却反対の署名運動を始めた。私もそれに呼応して〝逗葉建築家クラブ〟を立ち上げてその運動に加わり、地元に住む先輩建築家毛利武信さんを会長にお願いしたのである。

当時、横浜国立大学の非常勤講師をしていたので大学院生の設計課題として「なぎさホ

海から見る昭和初期のなぎさホテル

昭和初期のなぎさホテル主食堂

テル」保存活用のプロジェクトを指導し、その成果も市民に公表した。署名が五〇〇〇人に達したとき、署名簿を「なぎさホテル」の所有者に提出して会見を申し入れたのだったが、「ご苦労様でした、しかしこのホテルは私どものものなので好きなようにさせてもらいます」のひと言で市民が唖然とする中で終止符を打たれたのは何とも残念であった。もし地域社会の中で経済活動がある程度循環し、事業者と住民が知り合っていて、その中で地域の歴史・文化や生活意識の豊かさを共有する文脈が成り立っていれば、無性格なファミリーレストランに席を譲ることにはならなかっただろうが、いかにも商業化された現代を象徴する悲しい結末であった。

◆参考

登録文化財制度の意義：登録文化財の制度が生まれて間もない平成八年、日本大学建築学科の藤谷研究室が神奈川県の依託で調査し、逗子に九一件の近代和風建物を特定した。そのうち三四件を文化財登録へ向けた実地調査の候補としたことがある。しかし登録有形文化財制度の趣旨、性質が所有者に理解されておらず、重要文化財と混同して実測調査を忌避した人が大部分であった。だから現在までに長島孝一邸と旧藤瀬・脇村邸の二件が登録されているにすぎない。伝統建築は原風景の大事な要素として欠かすことのできないものなので、やはりもう少し登録文化財の主旨について広報などで徹底させるべきだろう。その意味もあって、例年の平家物語のイベントでは必ず登録文化財の主旨を説明して普及を目指している。ちなみに、日本では二〇一四年までに約九〇〇〇件が登録されているが、イギリスの listed buildings 約六〇万件、ドイツの約九〇万件と比べて二桁の違いがある。何気ない歴史的建造物を含めた都市景観を風土の記憶を呼び覚ます手がかりになる原風景要素として尊重し、ごく自然に保存活用している姿が羨ましい。

# 二　池子の森を守る市民運動

活発な市民運動を展開する「市民の会」の作業風景

## 都市化と宅地開発

### 開発の始まり

アメリカ（Harvard GSD）とギリシア（Athens Centre for Ekistics）で二年間を過ごし一九六五年に帰国したときの衝撃は忘れられない。東京オリンピックの施設、江ノ島ヨットハーバーへのアクセスをつくるという大義名分のもと、逗子の住宅地と海岸を完全に分断する国道一三四号線が自動車専用道路としてつくられていたのだ。それまで逗子の中でも最も空気の清らかで波の音と松籟しか聞こえなかった海浜が、排気ガスと騒音が最も顕著な場所になってしまったのだ。

その頃から逗子、葉山は通勤都市・ベッドタウンとして住宅開発が進められ、市街地の三方を囲む丘陵地も宅造の餌食となった。大手の不動産会社が先を見越して買い占めていた丘陵地の開発調整区域が、開発許可制度の中で大規模開発の対象となり、拙速杜撰で開発側本位の住宅地計画が始まっていた。それに止まらず、相当量の周辺丘陵の傾斜地部分までが既往の都市計画の中で第一種住居専用地域とされていたので、〝不当なれども合法的な〟宅造が丘陵地帯に横行したのである。

その結果、無数の住宅が新しく建てられたのだが、一般的には住宅産業・ハウスメーカーの画一性と無性格な住宅が主流となって、逗子という土地の気候風土、歴史とは無関係なコンセプトをもっていたのである。開発当初に逗子に移住した人の多くは、とにかく通勤距離圏内に住むことが先決で、土地柄に自分が求める生活のイメージをつくる心理的余裕

砂浜と住宅地を分断する国道一三四号線の現状

がなく、風土性の全くない住宅環境で満足していたのだ。一九六九年秋から一九七二年春にかけて約二年半、シンガポール国立大学に都市計画修士コースをつくるために奉職して帰国したのだが、これがまた衝撃的な出迎えを経験することになる。逗子は再び大きな変化を経験していたのだった。

まずわが家の隣接地、祖父の友人で法律家原嘉道さんの一〇〇〇坪ほどの別荘が丸ごとなくなり黒松の群生が根絶されていた。そして逗子で初めて六階建て二百数十戸のマンションが聳え立っていたのである。風の強い日には潮風が建物に当たって逆流し、前面の道を歩くのは危険になった。最近お向かいの八〇歳のご老人がこの風に足を取られて転び、その骨折が原因で寝たきりとなり、しばらくして亡くなった。このような事故はまた引き続き起こるだろう。私自身も自転車で危うく転倒しそうになる危険を何度も経験している。

前面道路が本来二間幅なのに、敷地前面だけ道路を拡張し斜線制限をクリアーして開発しやすくしたのだ。いまだにこの敷地の部分だけが蛇が卵を飲み込んだように膨らんでいるが、この幅に整合した市道の拡張事業はその後ない。これが嚆矢となって逗子のマンション開発が急速に進んだと言える。伝統的な平屋の町並みの中に、唐突に中高層のマンションが屹立する不幸な風景は残念ながら日本中に共有されているのだ。

## 池子の森保護の市民運動

池子旧弾薬庫跡地の開発計画出現：一九八二年、直接には横須賀海軍基地を空母ミッドウェーが母港とする必要から急増する米軍家族のための住宅地として、防衛施設庁の計画の中で逗子市域内の〝池子の森〟の開発が有力な候補地として思いやり予算の対象となっ

逗子の低層住宅地に建つ六階建てマンション

た。池子旧弾薬庫跡地とは市の東部の丘陵地で一部は横浜市域である。

戦前から日本海軍の弾薬庫として住民から接収され国有化されてきた土地（約七九ヘクタール）であり、戦後元来の所有者への返還運動が行われてきた土地である。それが一括して開発される計画だったので、池子の森保護の市民運動は全市民的な環境保護運動となった。この事態は一九七〇年代の全国的な開発進行と、それに対する開発反対の運動と軌を同じくしている。

**市民運動から市民活動へ**：結論から言うと、池子に関わる一二年にわたる自然発生的市民運動から生まれた緊張感ある市民社会のエトス（気風）は、現在も一種の遺伝子として市民の中に存続し、まちづくりの日常的な市民活動の原動力となっている。逗子の特徴は、池子に関わる市民運動が起爆剤となり醸成された市民意識が下敷きとなり、次第に日常的な〝市民活動〟として実践される過程で、市民参加・参画が定着しつつあるのだと思う。

すなわち、池子の森の緑に関わる一連の市民運動は〝住んでござる〟の〝住民〟から自覚ある〝市民〟への重要な脱皮の契機となったという特徴をもっている。ここで、ある政治的目標をもつ一過性の運動を「市民運動」、市民生活の中で日常性に根差し持続する活動を「市民活動」と定義してよいと思う。

**市内を二分する議論〝環境エレベーター定員説〟**：防衛施設庁の発表から、それまでくすぶっていた疑心暗鬼が顕在化し異なる主張のもとに市民が二分することになる。一方は、逗子の自然度はこれまでの開発の結果すでに限界にきており、これ以上の開発はエレベーターの定員をオーバーするのと同じだとする〝エレベーター定員説〟を掲げる。反対運動は政治イデオロギーの故ではなく、純粋に環境保護の運動だと主張するわけである。

また一方の主張は、新住民が自然を壊して造成された宅地に移り住んでいながら、池子の森開発に反対するのは筋が通らないとするものであった。また一部には国防上米海軍の駐留に不可欠とされる住宅地開発に反対するのは非国民、〝アカ〟ではないかとする人たちもいた。また、米軍家族による民生需要の増加を当てにする地元商工会などの思惑もあった（実際には米人は住宅地内で無税で物資が買えるのでそれは発生しなかったが）といった具合で、これが後々まで市民を二分する議論となったのである。

## 「守る会」と「市民の会」

市民グループ「守る会」が生まれる：一九八二年一一月、市民グループ「池子米軍住宅建設に反対し自然と子供を守る会」、通称「守る会」が地元池子の住民を中心に結成された。この頃は背景に七〇年代から盛んになってきた環境意識の高揚があり、また、逗子の中で丘陵地開発の破壊がようやく市民の注意を惹き始めていた時期で、それ以上開発が進めば豊かな緑に囲まれた逗子のイメージと実感との乖離が限界にきていると感じる時期であった。全国的な開発行為が目の前の風景を完全に変えてしまったことに気づき始め、捨象してしまった今過去の風景を惜しんで風土の記憶としての〝原風景〟という新しい言葉が忽然と人口に膾炙し始めた時期でもあった。

また、その中で子育て最中の世代がわが子を育てる緑の環境を守りたい、残したいという、親としてまた新住民としての切実な思いも込められていたのである。中には噂に聞く米軍人の不都合な素行や薬物の蔓延を心配する人もいたが、それはごく少数だった。これなどは近年夏の逗子海岸に市外からやってくる独身の若い米軍人やその取巻きの日本人による音楽の騒音、飲酒やバーベキューの弊害を経験して多少正当性ありとも思えるが、実は米海軍の家族もやはり子育て真最中であり、地元住民との価値観を共有できたのではないかと思う。

「守る会」の市民主義的約束事：一九八二年八月、こうして米軍家族住宅建設に反対の運動が起こったわけだが、これは逗子市民の国家権力の一方的決定に対する異議申立ての始まりである。国家権力を代表する政権が国家経営の立場（これが国益ということか）から行う政策決定に対し、市民生活の質を担保する都市経営を望む市民運動がその対極にあるのではないだろうか。自律した個々の市民がそれぞれの関係性をつくりながら連帯し行動する自発的市民組織が「池子米軍住宅建設に反対して緑と子供を守る会」だったと言えよう。

注目したいのはユニークな守る会の約束事、市民的三原則である。

①統一的な〝指導者〟をもたず、言い出した人が自主的に（関係性をつくりながら）行動する。

②人種差別をしない（つまり米国人に対する差別や反感から出発したのではないことを明らかにする）。

③いわゆる政党的〝政治〟には関わらない。つまり国家権力・政権から距離をおいて、生活者として市民の立場を曇らせない。

市民運動団体の結成とリコール運動：どちらかと言うと市民意識をお互いに向上する啓蒙的役割をもった「守る会」とは別個に、その理念を実現するための市民運動団体として「池子と子供を守る市民の会」通称「市民の会」がつくられた。まず環境価値感の異なる保守的な市長をリコールする運動をすることが先決となった。その結果、国の反対給付的内容の三三項目をもって池子開発受け入れを決めた三島虎雄逗子市長は、署名が一万人を超えた時点で辞任決意をせざるを得なくなった。

その間、運動に便乗して党勢拡大を図ったと思える複数の政党に対し、「市民の会」は介入無用の意志を伝える全戸配布のビラを配り、市民運動は政党的関わりがいっさいないこと、政党の干渉を厳しく排除することを明らかにした。この決意によって多くの一般市民が運動に参加する道が開かれたと言ってよい。「市民」の運動として独自性Identityを自ら明らかに確立し、市民の自律性を確保した戦略的成功であり快挙であった。以後十余年にわたる市民運動の中で市民の自律性を持続し得たことは画期的な出来事だと言えよう。

## 国民国家と市民社会の軋轢

### 国民国家というもの

池子の森を守る運動の中で考えさせられたことの一つに、国民国家の問題がある。市民と国民、自治体と国、この使い分けは微妙である。日本語の〝国民〟とは近世に入ってからヨーロッパで人工的につくられたNation State＝国民国家の構成員を指して言うものである。しかしここで注意が必要なのは、〝国〟という言葉はNationという言葉を訳しているのだが、フランスにもイギリスにも〝国民〟という言葉はない。フランス人とかフランス市民、イギリス人とかイギリス市民という言葉として存在するのである。〝日本人〟はあっても〝日本国民〟という呼称はないということである。戦前、単に〝小学校〟だったものが戦時に入って〝国民学校〟となったのはどうしてだろう。併合していた朝鮮半島、台湾の人びとも日本国民として意識させ、戦争に動員する意図からだったのだろうか。[1]

すなわち本来Nation Stateは人為的に纏められた複数の自治体（その中核をなすものは都市）の集合体につけられた国名であって、それぞれの構成員は市民と呼ばれるのである。したがってNation Stateは単に〝国〟と訳すべきなのだろう。日本では、むしろ日本人とか国家という言葉や概念は幕末から明治にできたと言ってもよい。人びとのイメージの中で括られた地域のまとまりや封建領主によってまとめられた地域がローカリティーの基本となるクニであって、それが日本人にとって感覚的に最大の風土であったと言えよう。

クニないしはいくつかのクニの集合が、一般的に藩と呼ばれるようになったのは封建制度が安定し確定した江戸時代中期とされている。幕府が意図していた中央集権的幕藩体制の下部機関としての藩の人間は自分の故郷をクニと呼ぶようになり、藩を束ねた日本全体を明治になってから日本人全体の故郷という意味でクニ＝国と呼ぶことにしたのではあるまいか。幕末の薩英戦争は日本という国民国家が成立する以前、薩摩藩というクニがイギリスという国民国家と戦いを交え、完膚なきまでに打ち破られ、そこでクニオヤである天皇のもとに国民国家日本をつくって欧米の植民地化から逃れる必要を肝に命じた事件だったのではないだろうか。

戦前戦中の〝おクニのために命を捧げる〟と言ったときのクニは明らかに国民国家日本を意味していたのだが、一方で〝おクニ言葉〟〝クニ元では云々〟〝クニに帰る〟と言うと

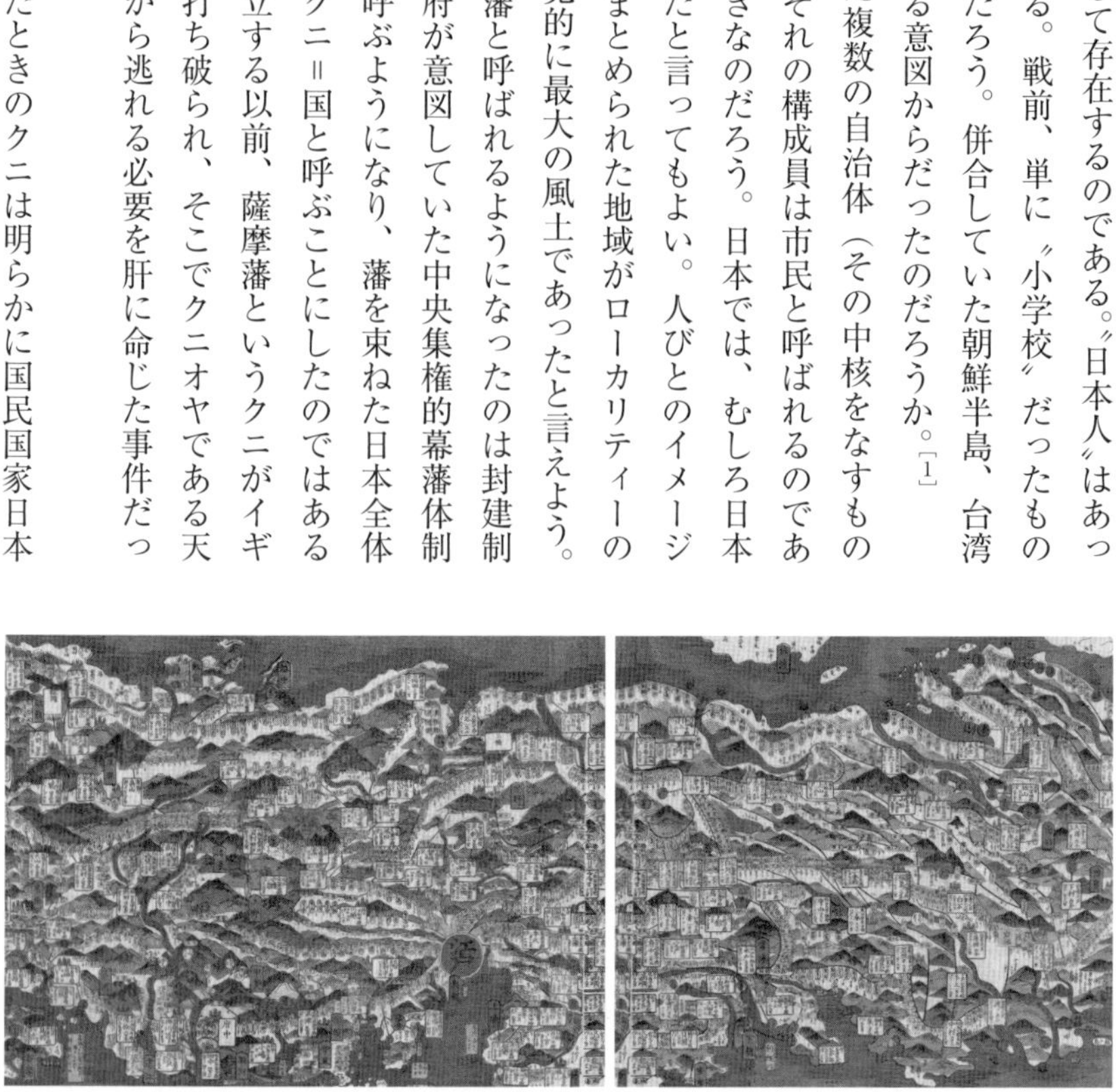

江戸時代、日本は三〇〇のクニからなる〝合州国〟だった。東日本の一六五藩図

き、やはり二五〇年にわたって帰属感をもった藩に近い特定の地方を意味していたのである。だから国民国家日本というやや抽象的な存在の一方には、大地・風土に根差したローカリティーであるクニの生活が連綿として存在していた。それが自分たちが本当に生きている場であり、感知可能でmanageable＝経営可能な世界、風土をかたちづくっていたのである。

ちなみにヤマトタケルが「クニシヌビ歌」の中で、

　ヤマトはクニのまほろば　たたなづく　青垣　山篭れるヤマトし　うるわし、命のまたけんものは　たたみこの　平群の山の　熊笹の葉を　宇須にさせ　その子、はしけやし　わぎえの方に　雲井立ちくも、

と詠ったとき、そのクニとはおおむねヤマト盆地を意味していたので、彼が日本列島の中で征服したもろもろの地域はそれに含まれていないことは明らかだ。クニとはそのように小さくて感知可能なローカルな場のまとまりであった。

逗子の場合、池子の森をはじめとする自然と人間（死者や将来生を受ける者も含めた）を包含した地域社会の共同体の姿が見え隠れしていたと言えるかもしれない。運動の中で新住民が多数派ではあったが、市民運動のリーダーシップをとったのは逗子の伝統的地元民として地元の森を守ると同時に、運動を通じて新しい逗子の市民社会の姿を求める若い理想家を中核としていた。

国民国家の根幹をなす憲法について、幕末明治初期、五日市憲法草案をつくった地元五日市の若者たちがいた。彼らは地元のローカリズムに軸足をおきながら、海外の新しい思想を学び思索し、自由民権的な憲法草案をつくりあげた。またそのリーダーの中には、西

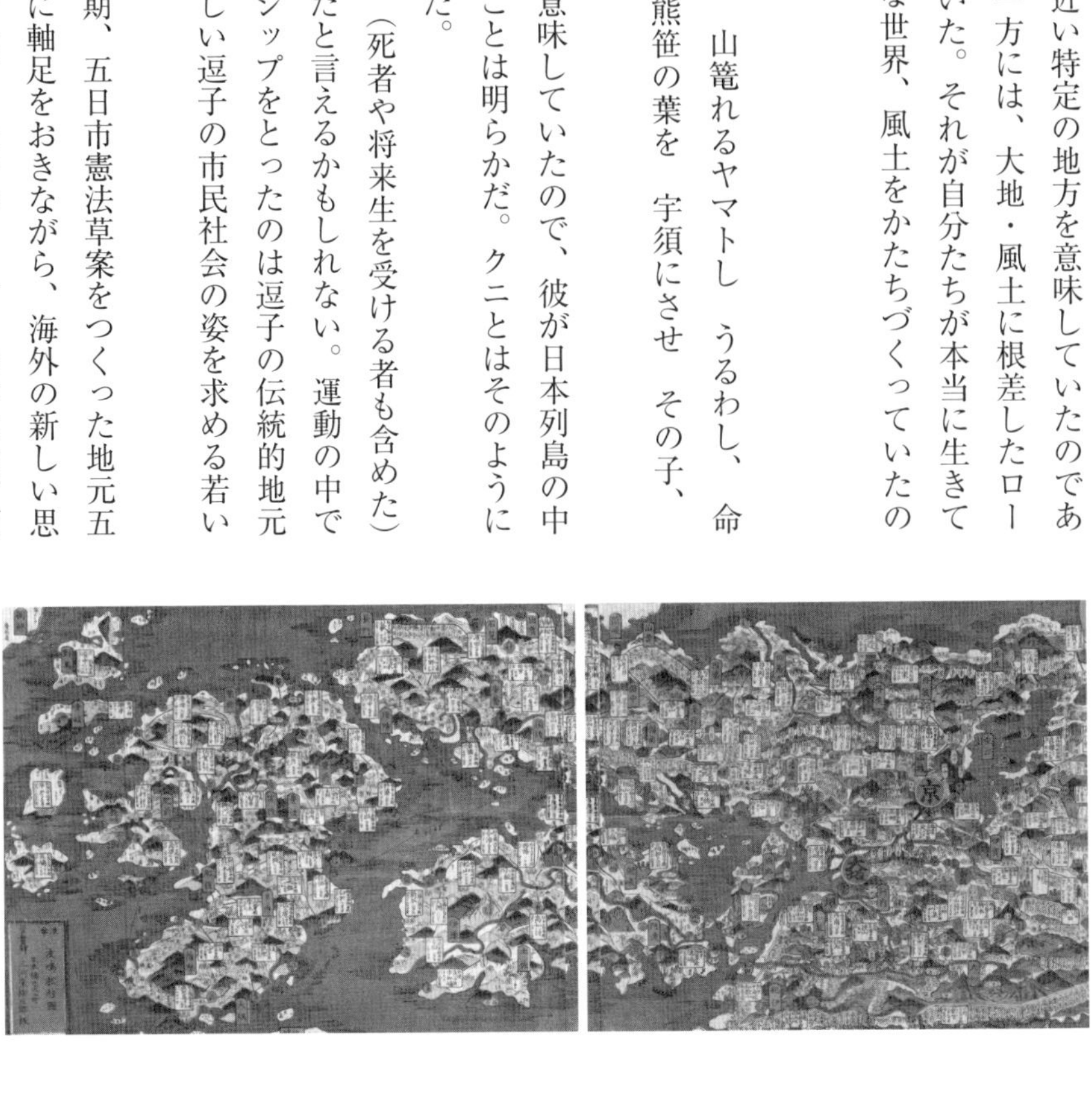

西日本の一五〇藩図

洋市民社会の原理の根源にはキリスト教的価値観、すなわち人間の自由意志、人間としての普遍的な平等性、普遍的人間愛の思想を〝洋魂〟と観て、キリスト教に改宗する人物も出た。〔2〕

## 〝都市の原理〟が〝国家の原理〟となっている西洋

ヨーロッパでは〝都市の原理〟が〝国家の原理〟になっている。すなわち一一～一四世紀の自由都市の市民社会の中で次第に成立してきた租税、軍隊、役人、選挙、議会等の諸制度を都市から譲り受け、あるいは強奪して、それを国家的規模にまで拡大したものなのである。マックス・ウェバーは「東洋には市民階級の意識なし」と断じているようだが、われわれ日本人はそれを歴史的事実として重く受け止める必要があるだろう。日本では、「国民」「市民」という言葉は、士農工商の封建的階級社会の中で、明治に入るまで日本語の語彙になかったもの、すなわち輸入された概念と実体に属する。前に述べたように中央集権的封建制度はあったが、明治維新までは国民国家という概念も実体もわが国には存在しなかった。藩が〝おクニ〟だったのだ。

明治維新の結果、西欧列強に対抗できる実体をつくるための政治制度として日本という国民国家が成立したが、それは封建的家夫長制度が国の規模に拡大された概念であった。それは文字通り〝国という家〟すなわち天皇を家長とする家族になぞらえた単一民族国家として、国民を〝天皇の赤子《せきし》〟として成立したことに特徴がある。このような家父長的国家観を一時にせよもった例は世界にないのではないだろうか。そこで明治以降〝国民〟は問題なく存在してしまったのだが、市民という存在ははたして日本にどれだけ実体化しただろうか。「…市に住民票をもっているという意味での〝市民〟」を超えた属性を獲得していただろうか。〝市民社会〟は自律した〝市民〟をその構成分子として成立している。その意味では当初から農耕にたずさわる農耕民よりも、独立性の強い狩猟民の方が自律した市民感覚をもちやすい立場にあったと言えるだろう。ギリシアの都市国家の起源はやはり彼等が狩猟民として北方から移住して来た民族であったことも関係していると、私は考えている。ギリシアのポリスでは自由・平等・友愛の原理は成立していた。ただし〝友愛〟は市民権をもつ市民の間に限定されていて、人口の多くを占める奴隷や外国人には及ばなかった。〝博愛〟〝人類愛〟は後にキリスト教の原理として西洋に入って来たものである。それが再びフランス革命によって〝友愛〟のレベルに戻ってしまったことで、近世以来の西洋市民社会は出直しの状況におかれていると言ってもよいのではないだろうか。

　だから市民社会は歴史的、政治的、文化的にヨーロッパ独自のものであったが故に、日本では〝市民〟は原理的に存在しなかったのである。〝市民〟の形成に向けての萌芽は戦国時代の堺などで見られたものの、その芽は封建的軍事政権に摘み取られて潰え去った。封建制のもとで確立した士農工商の階層の中で町民社会はあったが、これは市民社会とは全く異質で、わが国の現代史の中でも〝市民〟は依然としてその存在が希薄なのである。

　市民社会の成就が日本における〝歴史の終り〟になるだろうか。おそらくヨーロッパ社会が人類の歴史の中で達成してきた最も価値ある財産があるとすれば〝市民社会〟の一定の実現と、その構成要素である〝市民〟という人間存在のあり方の理想像を描いたことであろう。近代的な市民社会の原理としての民主主義といういまだ完全とは言えない制度が様々な破綻を見せている中で、またそのような世界的な歴史的な傾向の中にあって、日本

スケッチ（著者）、アテネのアクロポリス

スケッチ（著者）、中世都市サン・ジミニアーノ、イタリア

に本物の生成的viableな市民社会を形成しようと言うのはおそらく理想的に過ぎる行為かもしれない。もしそれが成就するとしたら、フランシス・フクヤマの言う〝歴史の終わり〟であるのかもしれない。しかしわれわれが〝歴史の終わり〟を日本における市民社会の一定の成就とすることができたら素晴らしいではないか。[3]

**池子エピソード1：〝俺は国民だぞ！〟国民意識と市民意識**　池子米軍住宅に反対する富野（革新）市政が成立して間もなく、池子住宅地の模型を市庁舎内に設置する防衛施設庁の要求を市が拒否したので、隣接の亀岡八幡宮境内に設置しようとしたときのエピソードである。不意の持込みに気づいた主婦たちが反対の声を上げて集まった際、六〇代と思われる男性が数人現れ、「お前たちは市民、市民と言うけれど、俺たちは国民だぞ！」と叫んで牽制したことである。

おそらく防衛のために国が決めたことに反対するのは〝非国民〟だと言いたかったのだろうが、さすがに戦時中の非国民という脅迫的言葉を憚ったのであろう。国民国家の権力体制の中、本来の神道とは異質の体制化された国家神道が国民を強い精神的影響下においた戦時中の記憶が蘇って、どこかうそ寒い思いをしたものである。

## 住民から市民への遷移

ナポレオンはフランス革命後、自由、平等、友愛の原理の下にフランスを統一し国民国家とした。しかしこの友愛というのがくせもので、自分が友と定義する集団、たとえば当時のフランスであれば貴族を除いた平民、後の共産主義の中では資本家を除いた労働者

亀岡八幡宮境内

階級、ナチにおいてはアーリア人に限定した集団、アメリカやアフリカ、アジアでの有色人種を除いた白人、他教徒を除いた宗教集団の中に限定した友愛というわけで、本来のキリスト教的価値観における普遍的人間愛・博愛とは異質の原理に後退した点で、倫理的な〝西欧の没落〟が特色付けられるのではないだろうか。

また、ナポレオンによる大きなスケールの国民国家の出現と、ショーヴィニズム（国粋主義）の横行、産業革命以来の市民社会内部での資本家と労働者の階級的乖離の出現、植民地の獲得と経営、現代ではそれをある意味代替するような世界企業・金融の世界制覇が、市民社会の発展という質的な歴史の進歩から現代世界を遠ざけつつあるのではないかと怖れる。

先進国民国家フランス、スコットランド、ウェールズ、アイルランドをイングランドに併合して国民国家を整えた海洋国家イギリス、小なれども海洋国家として力を蓄えたオランダも、フランスと並んでアジアの植民地獲得に乗り出した。一方独伊は明治維新後も多数の王国や公国の集合体であり、アメリカも南北戦争を経てやっと国民国家の体裁を整えた。したがって独伊米は国民国家として出遅れ植民地獲得に遅れを取ったのである。

明治維新はヨーロッパの強大な国民国家のアジアの侵略から日本を守るために、それまでのオクニ＝藩単位の封建制度から天皇を核とした国民国家に脱皮し欧米の植民地化攻勢に対抗する出来事だったのだ。その結果、日本は植民地化から辛うじて免れ、独伊米の三国に遅れて欧米の真似ごとで植民地獲得に乗り出し、欧米諸国が手こずっていた中国に地の利を生かして進出を試み、結局挫折した。また、日本というクニの存続や経済・軍事が優先され、市民社会の発展が二の次にされたわけであった。これが日本の二〇世紀

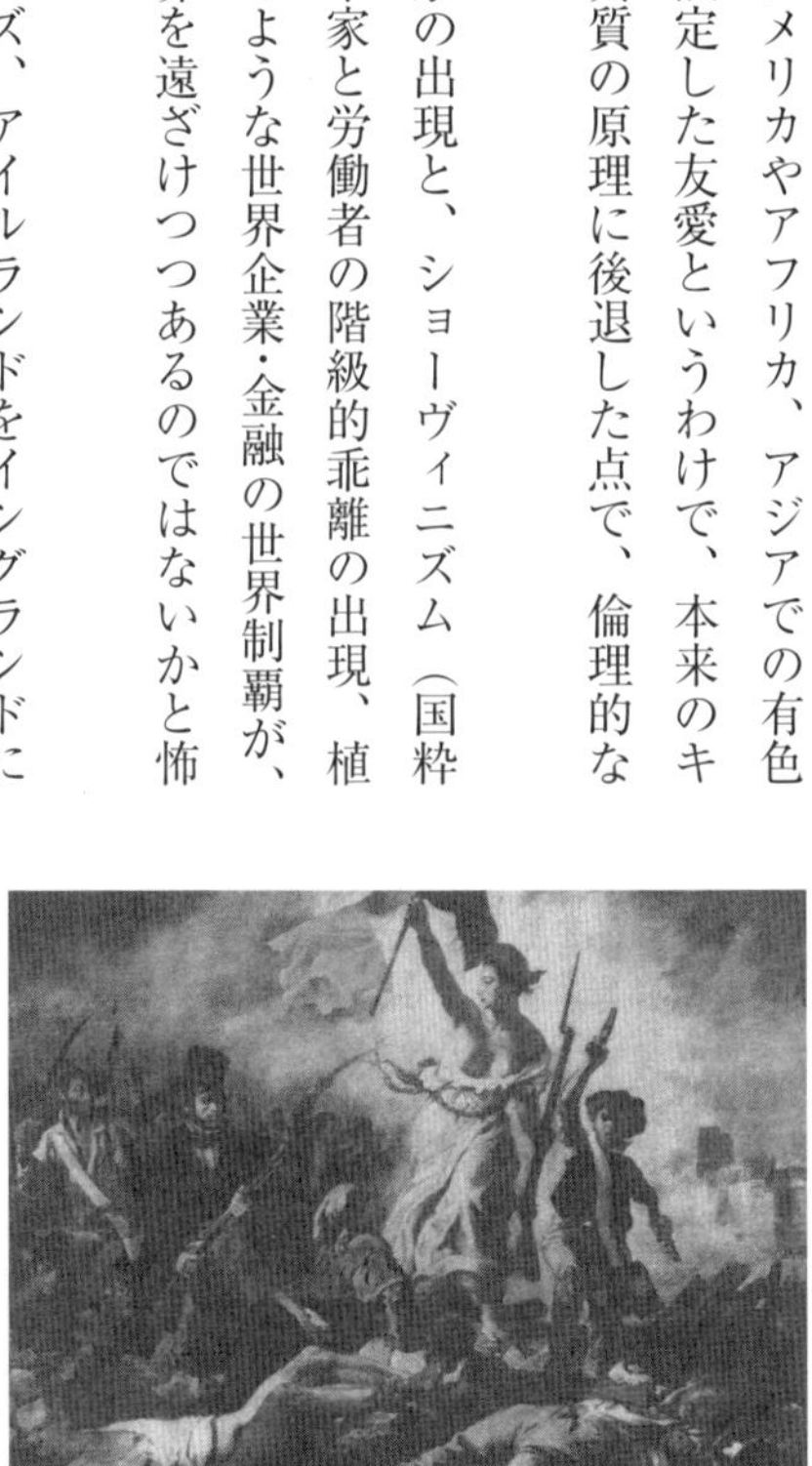
民衆を導く自由の女神／ドラクロア画
〝博愛〟へか〝友愛〟へか？

だったと言うことだろうか。

さて、富野市政を引き継いだ沢光代市長が退任するまで一二年続いた池子の緑を守る市民運動は逗子の住民に何をもたらしたのだろう。大まかに言えば前述したように池子運動を契機として、〝住民〟が〝市民〟に成長する過程のワンステップだったと言ってよいだろう。一般に〝住民〟とは単に〝そこに住んでござる〟という実体を言うのであって、言ってみれば住民票をもっているから住民だ、ということになっている。

ではこの際〝市民〟とは何だろう。とりあえず〝市民〟とは自律した人格の中で自分の住んでいるマチのよいところを守り発展させて、よりよい方向へ変えていくのを当然とし、潜在的にそれに向けて行動する人である。そのマチに住み、そのマチの人びとや空間・景観・原風景に愛着をもち、マチの運営・コミュニティーや景観の形成に参加し、マチの現在のあり方と将来に責任をもつ、マチを自分たちの公共善のために変えていく行動をする人、そして長い時間をかけて、マチという場をconvivial＝共歓的なものにしたい、皆でマチを自分たちの作品として持続させる人たち、それが〝市民〟である。そのような価値観と生活感情を伴った存続と言えるのではないか。そうなると市民たることは生やさしいことではない。

おそらくその中で池子運動の意義が位置付けられ、〝市民〟の形成過程と池子運動の関係を見ることができるのではないかと思うのである。そのような観点から具体的に逗子の市民参加・参画のプロセスが、数年前の「まちづくり基本計画」の策定に結実するまでどのような軌跡を描いてきたか、そしてさらにその後のアフターケアの仕組みにどう取り組んでいるかを後に概観してみたい。

## 全日制市民、主婦たちの力

### 社会構造の変化、新住民と旧住民の確執

池子の森を守る市民運動の中で、市民が二つに割れる事態が起こったことはすでに触れた。そこをもう少し見てみよう。急激な郊外化・アーバンスプロールは、単に住宅地が通勤時間を延ばしながら外へ外へと広がっていくことに過ぎず、新しく流入した大量の人口とそのための住宅・施設量が優勢となるので、その土地のコミュニティーの構造はもとより自然環境のあり方まで根本から改変してしまう。

地域固有の生活のパターン、ライフスタイルはそのままでは新住民のものとはならず、そこで断絶が生まれ歪みが生じる。一家の主人は大都市部への通勤に合わせた生き方しか選択肢のない〝逗子都民〟であり、主婦や子供は見知らぬ地域社会と環境の中に言わば置き去りにされ、当初は途方に暮れた根のない生活を送ることになる。この事態は当然主婦たちの不満となって潜在する。

そこで多くの場合、全日制の住民となった主婦たちはこの状況から脱却を図る努力を始め、近隣の中で新しい人間関係を形成し始め、高学歴の知的水準に支えられた自分の価値観の実現を図ろうとする。後にその力が〝主婦力〟となって、逗子の場合一九八〇年代に、池子を契機に噴出してきたという見方もできる。

住宅開発が始まるまでの逗子は、半農半漁の住民に加えて少数の別荘族、海軍関係の住民、これらの住民の縁故を頼った疎開民を加え、それを支える零細な商業や手工業、建設

業など、旧住民主体のムラだった。だから池子以前の政治は地元で〝ムラ〟と呼ばれていた〝字〟や〝小字〟の地縁血縁を基盤としていた。たとえば市議会で地域の問題で紛糾したりすると「ちょっとムラに帰って相談してくる」といった風だったと言う。その一方、別荘族は自分が定住していない地元の運営や政治にはいっさい無関係を決めこんでいたのだった。

そこに戦後教育で意識の異なる大量の新住民が加わることとなったのである。特に全日制の住民となった主婦たちは、間もなく自分たちを取り巻く生活環境を自ら選択したものと考えるようになり、周辺の斜面緑地などの自然環境に愛着をもって目を向けるようになる。これが後の「池子の森を守る運動」の胚胎となる。

地元商業者は新住民を商機・購買力としか思わぬし、都会的ホワイトカラーの新住民は地元民を自分に関係ない地元の田舎者ぐらいに思って相手にもせず、お互いに新しいコミュニティーを一緒に育もうなどとは考えもしなかった。そのような不自然な状況は八〇年代の「米軍住宅に反対し池子の森を守る運動」に至るまでは何の不思議もなく続いていたのだ。

その結果、しばらくは新旧住民の間は「東は東、西は西、両者あいまみえる事無し」（大英植民地帝国時代、キップリングの詩）状態だったと言える。この詩はそのような東西の分界状態の後で最終的には両者が融合することを示唆しているのだが、逗子も池子運動以後四半世紀たった現在ではかなり社会的な融合が進んできている。

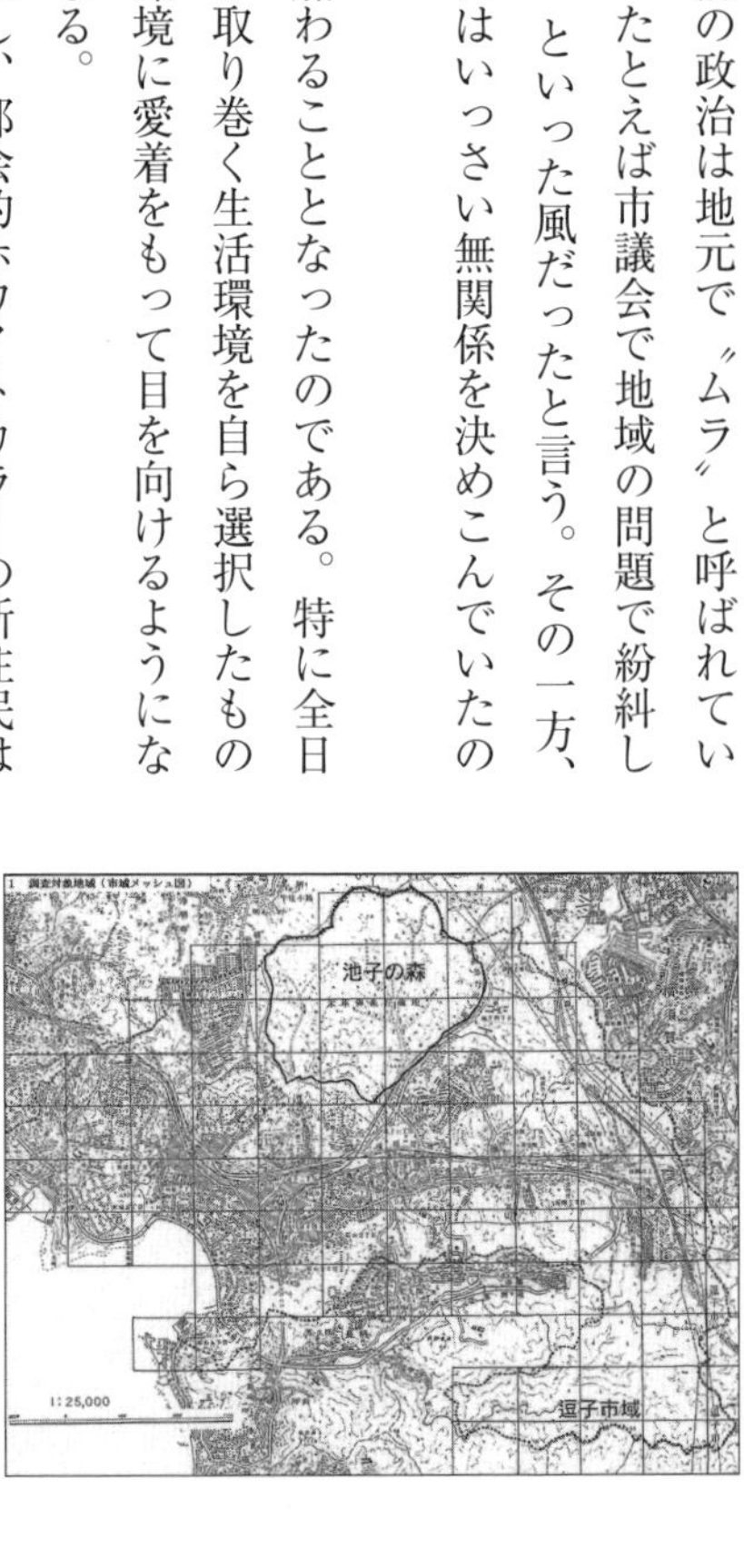

池子の森位置地図

## 女性主導の有機的な活動形態

基本的に水平多核的で上向きのベクトルの集積が池子の森の緑を守る運動体の本質的イメージだった。おそらくこのような運動のパターンは、階層的＝hierarchicalな男性社会とは性質の違った有機的な活動形態だったのではないだろうか。多様な意見が何となくまとまった時点からは、その問題に関して中心的役割を果たした人物が自然発生的にリーダーとなり、そこから多核的な小グループや個人に情報が伝えられ、行動に移されるというパターンであった。

以下のような特徴が女性主体の一二年にわたる長期の市民運動の原動力となっていた。

・社会的上下関係がない水平的な人間関係。
・主婦には男性社会的な肩書きがない。〝この指とまれ〟方式が一般的。
・日常生活の延長上で地域に根差した生活の一部。
・時間的制約が少ない。
・男性社会と別個の地域社会で感知可能な達成感が得られる。
・統計上は、逗子では男性より女性人口のほうがわずかだが学歴が高い。
・ある意味、結婚することで生かされなかった教育内容を取り戻す機会が生まれた。
・運動参加で失うものは何もない。運動への参加をもって解雇されることはない。
・世間擦れしていない学生的生真面目さ。

先にも述べたように逗子は自転車スケールのマチである。池子の森を守る市民運動が盛んになるにつれて、主婦たちの間の家庭集会が持ち回りで行われることも多く、誰かの家の前に自転車が数台停まっているとそこで集会が行われていた。主婦が中心となった運動は、自転車の往来によるface to faceの自由自在のコミュニケーションパターンに支えられ拡大し維持された部分が大きい。

一方で、沢市長時代の後期に特に見られた市民運動の欠陥は、運動の達成目的、手法や運営等の件でわずかな意見の差に敏感になり、それに耐えられずに去っていく人もいたことである。一般に議論を尽くすのを避けたときによくあることのようで、生真面目だが対話を避けるシャイな性格の人の間で見られた傾向であったとも思う。池子の森を守る市民運動のような、ある意味で権力への〝抵抗運動〟すなわちprotestant的な運動の場合このようなケースが出やすいのではないだろうか。いわゆる学生運動の中での内ゲバはそのケースの極端なものといえるかもしれない。

## 市民の自律性とグローカルな活動

### 楽しく活動する姿勢と市民運動の持続

防衛施設庁が市民の説得懐柔のために三三項目の美味しい条件を出し、それまで反対の姿勢できた三島市長が受け容れを表明したことによって、市長のリコール運動の署名運動が始まったときのことである。署名が一万を超えたとき、突然あたかも自分たちがリコール運動をしているがごときビラを共産党が撒き始めた。一方右翼系は街頭宣伝車を繰り出し、市民を脅かすような強圧的で無意味な宣伝を町中にがなりたてていたのであった。

池子の市民運動は、最初から政党と関わりのない無党派の市民運動と明白に位置づけていたから、さあ市民の会の怒ったこと。早速「共産党はずるいことをしないで下さい！自民党は市民をいじめないで下さい！」というビラで対抗し、市民は左翼的反米でも感情的反米でもないことを明らかにしたのである。それ以来街頭宣伝車も来なくなり、政党は市民を誘導したり脅迫する態度をいっさい表立ってとらないようになった。おそらく保守勢力も左翼勢力同様に池子の市民運動の本質を悟ったからだろう。一九八二年九月、約一万九〇〇〇人の署名を市の選管に提出。一〇月三島市長辞職。同年一一月に市民の会は三万三八三三人の反対署名を防衛施設庁に提出した。

〝シングルイシュー（単一課題）〟と〝楽しくやる、目尻を決しない運動〟が市民運動の持続性を保った。池子の森市民運動は一二年の長期にわたる画期的な市民運動だった。今にしてすごいと思うのは、何と言っても多様な背景をもった市民がこの運動を長年月持続しえたことである。その秘訣は何だったのだろうか。

そのいくつかは、運動の目的が単純で〝池子の森を守る〟という一点に集中したこと。自然環境を守るというわかりやすい価値観に基づく言わばシングルイシューだったこと、政党の影響を排除したこと、女性が多数を占めたほとんど女性運動と言ってよいものだったことだろう。また、よく抵抗運動にありがちなスタイル、鉢巻きを締め、〝目尻を決した形相〟で事を進めることをしなかったこと、そしてもう一つは主婦としての日常生活を極端に犠牲にせず、楽しくやろうという新しい世代の余裕ある姿勢だったことが大きかった。

池子エピソード2：米軍人の騎馬巡察　米軍としては池子の市民運動が反米であるかどうかかなり神経質になって調査していたらしい。反対運動の中で市民からの不測の乱暴な手出しを怖れてか、ときどき平服ではあるが目つきの鋭い見慣れぬアメリカ人が前例のない乗馬での散歩を装って市内を巡察している姿があった。Riot Police（暴動鎮圧警官）の構えであろうか。しかし間もなく反米運動の兆しが全くないと見てそのような偵察活動はなくなった。

## アメリカの環境団体との連帯

一九八三年六月、「守る会」の数人の市民男女の代表は高校生を伴って渡米した。反米ではなく市民の環境運動であることをアメリカ政府に知らしめるとともに、国際社会に周知して池子の森運動連帯を求める戦略だった。このときワシントンの米国防省に四万五六八一人の署名を手渡したのであった。同時にアメリカのＮＧＯ環境団体と接触することも行った。[4]

当初は手紙のやり取りで、後に市民がワシントンまで出向き、環境保護に関わっているＮＧＯ団体の事務所を訪れ実質的支援を得ることに成功し、市民レベルで自然環境を守るというグローバルな価値観に結ばれた友情ある支援を約束された。彼らはアメリカ政府のしかるべき部署に意見具申をする約束をしてくれたのであった。アメリカ社会のデモクラシーの懐の深さを実感した場面である。これらの国際的活動はすべて逗子市民と全国から寄せられた好意ある寄付によってまかなわれたのである。

ワシントンで逗子市民のリボンパレード

池子エピソード3：不動産価値を重く見たアメリカ人　後年、たまたま以前ペンタゴンの日本課長であった人物が逗子に来て話をする機会があった。彼はとうの昔に池子の市民運動が反米運動ではないことを情報機関から得ていたと思われ、池子の森を守る市民運動が政治的なものでないことは早晩ご存知のようであった。彼曰く「逗子の市民が池子の森を壊して米軍家族住宅を建てるのに反対だったのは、池子の自然の緑が減り、米軍系外国人の住民が増えると、逗子の土地家屋の不動産価値・資産価値が下がる。だから嫌だったのだろうね」と。

たしかにアメリカではその地区に住む人種、収入階層、それらが反映された最低敷地規模で表される緑や空間の豊かさで不動産価値は決まっているからだ。これはアメリカであれば当然起こる不動産的成り行きだ。〝米軍家族〟を〝有色人種〟に置き換えればわかりやすいことだから。したがってアメリカ人的な見方としては、池子運動が反米運動でない環境保護運動であるならば、不動産価値の保護と直接連動していると考える以外にないのだろう。ああそういう見方もあるのだな、とあらためて気がついた次第である。

しかしそれと同時にわれわれにとってはある意味意外なコメントだった。何しろわれわれ日本人は、不動産価値とは、駅からの距離、その土地に掛かっている土地利用指定、容積率、建ぺい率など、定量的、機械的な法定都市計画的パラメーターでほとんど決まってしまうと思い込んでいて、環境や景観の質や住人の毛色などの、言わば定性的社会学的判定の影響はほとんど想定外だと思い込んでいるからである。

◆参考

［1］〝併合〟と〝植民地化〟：ちなみに〝併合〟と〝植民地化〟とは異なる概念であり実際である。日本のジャーナリズムはそれを理解していない。日本は朝鮮半島、台湾を併合し（植民地的統治をした、と言うならいまだ理解できる）、満州国は独立国のかたちをとりながら植民地として経営しようとしたのではないだろうか。

　たとえばイングランドはスコットランド、ウェールズ、アイルランドを併合したのであって植民地化したのではない。だからイングランドは軍事的に征服し自らは中原の肥沃な土地を占拠し、全く異なる言語を使うゲーリック種族を辺境に追いやり、アングロサクソン語 English を強制し、名前を変えることも勧め、文化と不可分の他民族の言語を破壊し四〇〇年にわたって同一化＝併合を進めたのである。植民地化とは簡単に言えば、征服地の富を収奪すれば事済みであって、文化的精神的な一体化を求めるわけではない。大英帝国にとってのインド等はその対象となる植民地であった。

［2］五日市憲法草案と自由民権運動：日本社会に近代的市民社会の原理やエトス（気風・気概）が根を下ろし始めたのは明治以降であり、新憲法として結実したのは戦後である。しかしその素地がすでに明治初期、日本の地方にあったことが伺える。明治初年から明治欽定憲法制定に至るまで、日本各地で新憲法へ向けて憲法草案が四十数件（一説には三〇〇）も地方の知識人グループによって起草されていたと言われている。中でもキリスト教思想や欧米近代思想に触発された自由民権運動の影響で、五日市憲法草案は戦後の新憲法に極めて近い内容をもっているとされる。

五日市憲法草案：東京・奥多摩地方の五日市町（現あきる野市）で一八八一年（明治一四）に起草された民間憲法草案。二〇四条からなり、基本的人権が詳細に記されているのが特徴。自由権、平等権、教育権などのほか、地方自治や政治犯の死刑禁止を規定。君主制を採用する一方で「民撰議院ハ行政官ヨリ出セル起議ヲ討論シ又国帝（天皇）ノ起議ヲ改竄スルノ権ヲ有ス」と国会の天皇に対する優越を定めている。

　一九六八年（昭和四三）、色川大吉東京経済大教授（当時）のグループが旧家の土蔵から発見した。ちなみに、この五日市憲法草案起草集団の主要人物の一人内山安兵衛（のちに〝憲政の神様〟尾崎行雄をしたって逗子に別邸をもち、生涯尾崎を支え、逗子で生涯を終えた）は五日市の素封家だった。ところが一八八七年（明治二〇）一二月二六日に制定発布され即日施行された保安条例によって、私擬憲法の検討および作成は禁じられた。これにより、私擬憲法が政府に持ち寄られて議論されることはなく、大日本帝国憲法に直接反映されることはなかった。それが終戦後の新憲法において日の目を見たとも言えるのである。

草案作成者の一人・内山安兵衛の墓

ちなみに、美智子皇后が天皇とともに五日市郷土館でこれをご覧になり、戦後の民主主義憲法が単にアメリカが与えたものでなく、一〇〇年以上も前に日本の民衆によってそれに近い草案がつくられていたことに、深く感銘を受けられたというエピソードがある。

宮内庁記者会からの質問に対する美智子皇后の回答：

五月の憲法記念日をはさみ、今年は憲法をめぐり、例年に増して盛んな論議が取り交わされていたように感じます。主に新聞紙上でこうした論議に触れながら、かつて、あきる野市の五日市を訪れた時、郷土館で見せて頂いた「五日市憲法草案」のことをしきりに思い出しておりました。

明治憲法の公布（明治二十二年）に先立ち、地域の小学校の教員、地主や農民が、寄り合い、討議を重ねて書き上げた民間の憲法草案で、基本的人権の尊重や教育の自由の保障及び教育を受ける義務、法の下の平等、更に言論の自由、信教の自由など、二百四条が書かれており、地方自治権等についても記されています。当時これに類する民間の憲法草案が、日本各地の少なくとも四十数か所で作られていたと聞きましたが、近代日本の黎明期に生きた人々の、政治参加への強い意欲や、自国の未来にかけた熱い願いに触れ、深い感銘を覚えたことでした。

長い鎖国を経た十九世紀末の日本で、市井の人々の間に既に育っていた民権意識を記録するものとして、世界でも珍しい文化遺産ではないかと思います。

［3］〝市民社会〟の歴史的概観：西洋の市民社会はギリシア、ローマの市民権をもつ、当時の言わば特権階級の中で平等性をもつ〝市民〟のデモクラシーに始まり、キリスト教文化が定着し、人間の普遍的平等意識に基づいた市民社会の原理が生まれた。それが発揚されたのは中世後期からルネサンスにかけて「都市の空気は自由をつくる」という標語が示すように一定の都市社会に限られていた。フランス革命の自由・平等・友愛の原理は階級闘争の結果、貴族を除外した平民階級の中に限定されていた。共産主義の原理も労働階級内に限られている。アメリカ合衆国でも人種的差別はいまだ払拭されていない。その意味で現実には、人間の普遍的平等意識がいまだグローバルな原理になっていないと言えよう。

日本の場合、江戸時代の士農工商の階級制度の中で、町人社会に限ればその中ではかなりの平等意識はあったと思われる。事例として十分でないが、古典落語の中で町人同士の言葉遣いは丁寧で上下感がない。江戸っ子の〝粋がり〟には武士や富者に対する人間としての平等感の発威があったと思える。太田道灌時代から江戸の町人で川柳家元だった家系の母方の祖母の振舞いを見ていてもそれが言えた。

五日市の憲法草案の石碑

橋の袂に芝居小屋などの盛り場ができ、遊里という別世界はあり、元禄時代の八百八町には二万軒の茶店が点在し、道そのものが細長い広場で、寺社の境内が広場だったと言う人もあるが、町人社会のシンボル、町人が自らなした公共空間はなかった。

［4］オーデュボン協会National Audubon Society：野鳥をはじめとした野生生物の保護を目的として一九〇五年にアメリカで設立された環境保護団体。アメリカの鳥類画家ジョン・ジェームス・オーデュボン（一七八五～一八五一）の名前を取り名づけられた。アメリカ国内を中心に、野生動物の保護活動、自然・環境問題に関する研究活動を行っている。マンハッタンに事務所があり、全米に会員が一〇〇万人以上と言われている。各州に支部があり、さらに市町村単位でも協会を設置している場合もあり、それぞれが独立し多彩な活動を展開している。各団体ともそれぞれ、研究成果の紹介、バード・ウォッチングや猛禽類の紹介、野生動物に関する講演会、写真や絵画等の展示等を行っており、また、各種プログラムを学校に提供するなど、教育活動にも力を入れている。

# 三　市民参加参画のまちづくり

日米大都市圏計画会議まとめの集会

## 市民参加参画

市民参加や市民参画の手法は、横浜市や世田谷区のようないわゆる先進自治体ではまちづくりの手法として一九八〇年代後半からすでに実行されていた。私自身の事務所も都市デザイン専門家集団として、公園やプロムナードなどいくつかの〝まちづくり〟プロジェクトに関わっていた。だがそれまでの逗子市ではいまだ政治的、行政的風土として市民参画などは論外であった。ところが市民運動の結果生まれた新市政の姿勢が、市民参加参画の手法を取り入れる方向になったのはうれしい成り行きだった。

## 市民運動のリーダーが市長となる

三島市長の辞任に伴う選挙で市長になったのは、池子の森保護の市民運動に当初から関わってきて自然にリーダー格となった京都大学で天文学を修めた富野暉一郎という四〇代初めの若い市民だった。彼は京急神武寺駅の近く、池子の森を目の前にしたゲートの近くに住み、そこで環境機器製造の会社を父親から引き継いで経営していたのだ。若い感受性と柔軟でかつ論理的な思考、人びとの意見を幅広く取り上げて検討しながらまとめ、あえて自分の考えを人に押し付けて支配しようとしない性格、経営者故に自分の時間が自由になることも生かした行動力などで、早くから自然にリーダーとして頭角を現した。この人物がＩＧＯＣ（Ikego Operation Center）をも立ち上げ、多様な市民が支持するかたちを整えて運動を軌道に乗せたキーマンと言ってもよかった。

池子の森の返還運動に対し政府から三三項目の懐柔的な条件が出され、受け入れを決めた三島虎雄市長のリコール署名運動が始まり、状況を見た三島市長は辞任し、新たに市長選挙が行われた。三島対富野の対決は一九八四年一一月一二日、七五％という驚異的な投票率の中で僅差で富野氏が新市長となったのである。[1] 保守的勢力の強い市議会や長い間その下で仕事をしてきた行政にとっては見知らぬ市民運動家が落下傘で降りて来たようなものであり、新市長は難しい市政運営をすることになった。市民の応援だけがこの状況を切り抜ける精神的支えだったと思う。

旧態依然たるムラ議員が、いかに住民市民を見損なっていたかのエピソードを紹介しよう。富野輝一郎氏が新市長となったとき、時を同じくして三島前市長が建設に着手した新市庁舎が完成した。新市長は、庁舎の広大なロビーと空いている会議室等を行政と市民との会議や講演などの場として使用することを議会に提案した。するとある古参の有力議員が強く反対して曰く、「市庁舎は神聖な場所なのだから市民に使わせるとはとんでもない！」と言ったのである。それを傍聴していた市民は〝雲の上の政治〟とはこのことを言うのだろう、と顔を見合わせたのだった。

しばらくして、ロビーの中にダウン症の若い女性たちが交代でサービスするカフェーブースが置かれそれが現在まで続いている。このささやかな施設が、それまでの閉鎖的な市庁舎をいかに市民に身近な場にしたかは計り知れないものがある。やっと住民が市民として行政から扱われるようになったという実感がそこに生まれた。

市役所ロビーのカフェーブース

## 市民の政策形成への参画

「まちづくり懇談会」は、〝文化としてのまちづくり〟を考えるにあたって、一般市民や市内外の有識者に輪を広げるだけではなく、池子米軍住宅の容認派も加え、対立を超えて市民が交流する場をつくる主旨のもとに市民が自主的に立ち上げたものである。したがってこの会は市長、行政、議員を除いた市民のみの会合であり、自由にまちづくりに関わる意見交換や市民間の相互啓蒙活動を行う主旨でもあった。私はその世話人代表を引き受け、当初八八人をメンバーとして運営した。

月一回の集会には毎回五〇人ほどの出席を得た。その当時まだ健在だった逗子なぎさホテルの二階の会議室で、コーヒーを飲みながら懇談する形式である。一年ほど経ってから各人が自分の思いを纏めた文を集め、逗子に留まって〝まちづくり〟をする人という意味を込めて、逗子としては初めてのまちづくり誌『逗留人』が生まれ、市内の本屋さんで発売した。

革新市政を味方にした池子運動最盛期のまちづくり活動は、市民と行政の協働による新しい直接民主制〝市民政府〟への脱皮に、ある程度接近した状態だったかもしれない。新市政の中で特筆すべきは、市民による市の政策形成への参画が様々な場面で実行されたことである。しかしこれは池子の森を守る市民運動そのものとは注意深く一線を引き、池子の森を守るシングルイッシューに関わる運動の市民間の対立を超えて、市民全体の問題としてまちづくりを考え施策に反映しようとする試みであった。

富野氏は市長の席につく以前に、守る会・市民の会のメンバーを前にして、「私は今までは特定の市民運動のリーダーであったけれど、今からは市民全体のリーダー役を務める

『逗留人』の表紙

ことになる。そのケジメを明確につけることを理解してほしい」と述べた。つまり市民運動家の帽子を脱いで市民政治家、行政の長の帽子を被ることになる、と宣言したのだ。これは正しい姿勢であったと思う。

選挙母体である政治団体や地縁血縁のムラ型の利権集団と睦み合うことで地方の政治が不透明不公正になることは、わが国では残念ながら稀ではない。それ故、一度市長の座に就いたからにはその出身団体である〝市民の会〟、それと重なる部分の大きい〝守る会〟という市民組織とは一線を引かなければならないとする政治的倫理観の正しい表明だったと思う。しかし同時に市民政府への指向の中で、市民の中の〝埋蔵〟専門家・文化人・有識者の積極的活用を進める姿勢があった。

池子市民運動に参加し、その行方を見守っていた市民の中にも多様な専門家やプロフェッショナルが少なからず存在していた。その中から様々な専門分野によって市長が選抜し依頼した専門家の複数の小グループがインフォーマルなかたちで直接市長にアドバイスする仕組みができた。ある意味、コミュニティープランナー、アーキテクト出現の萌芽と言ってよいであろう。

市民運動の中から富野新市長が誕生してからのＩＧＯＣは、言わば非公式に市民運動家としての側面をもつ新市長の、私的諮問機関の母体のような役割を果たしたと言ってもよいだろう。その中で都市計画・都市デザイン・建築に関する部門のアドバイザーとして、地元在住の人材では、都市計画家、工学院大学都市計画学科教授（宅地開発研究所代表）の大庭常良氏と、渋谷盛和氏（槇総合計画事務所役員）、横浜国立大学非常勤講師・建築家（ＡＵＲ建築都市研究コンサルタント代表）の私が任命され、以来月に一度ほどのペースで市長への助言活動を行った。

すでに触れたように、専門家などの市民有志による「まちづくり懇談会」がインフォーマルにまちづくり活動をしていたが、新市長は市庁舎内に正式な行政機構として新たに「まちづくり懇話会」を設置した。懇話会会長は、まちづくりの先駆者である横浜市の企画調整局長の田村明さんが引き受けて下さった。田村さんは一九七〇年代から長らく横浜市のまちづくりをお手伝する中で、私淑し尊敬する都市計画・都市デザインの大先輩でもあった。

私が地元在住の専門家として参加することについては、逗子を熟知し、横浜市、世田谷区などや海外のまちづくり経験と実績を評価され、副会長を務めさせていただいた。会は年度によって必要と考えられたいくつかの部会からなり、部会のメンバーは公募による市民、部長クラスの行政マン、学識経験者がそれぞれ三分の一ずつ、総計で一二人程度の構成で、会議には必ず市長が臨席するが発言はしない仕組みだった。この人員構成は極めて有効でよいバランス感覚をもったものだったと思う。その結果、このまちづくり懇話会からは様々な創造的施策が生まれた。この後からの市政ではこのシステムは採用されていないが、再考する価値がありそうだ。

「逗子市市民地区懇談会」は、まちづくりへの地域の草の根的参加を促すために、市長と幹部職員が一組となって八カ所ある〝字〟に出向いて出前の懇談会を行う仕組みである。当初はいまだに市民の間に池子の五分五分の対立が尾を引いているので字によっては運営の難しいところもあったが、地域自治に必要な草の根の市民参加の試みであり新鮮な取組みであった。現在、行政が取り組もうとしている小学校単位の市民自治組織に向けて、同じような市民地区懇談会を地区に出張して行うことも検討されているようだ。

**逗子市・市民のグローカル・国際的な活動**

一九八四〜九二年、新しい市政の中で、様々な国際化活動が市として実施された。グローカル（GLOCAL＝グローバルとローカルの合成語）[2]がキーワードであった。

①行政システムの国際化：平和都市推進課を設置した。所掌事務は平和・軍縮・核兵器の廃絶に関すること、国際交流、基地対策職員採用に関する国籍条項の撤廃（管理職への登用可、消防吏員を除く）。青年海外協力隊帰国者の推薦採用枠設定（毎年一名）。職員の海外研修制度（毎年三名）。米国コロンビア大学大学院より研修生受け入れ（毎年一名）。

②地域の国際化に関する調査・研究、都市憲章研究会の設置（グローカリズム対応、地球市民理念の導入）：非核平和理念調査研究会の設置。国際交流推進協議会（市民公募）の設置。自治体版ODA研究のための海外視察調査、タイ、ベトナム、インドネシア。海軍池子弾薬庫建設にかかる朝鮮人労働者問題に関する調査。ライフサイエンスパーク基本計画策定調査

③国際交流・平和政策関連事業：在住外国人に対する市の事務事業の差別撤廃。ベトナムへのゴミ収集車と消防車の寄贈。ハイフォン市の市政視察受け入れ。非核自治体国際会議への参加。環太平洋非核自治体会議の創設と参加。ニューヨークタイムズへの意見広告掲載。英文ニュースレターの発行。沖縄へのピースメッセンジャー派遣。

④国際理解教育関係事業：国際理解連続講座の開催（自治体版ODAを中心）。国際シン

ポジウムの開催（九〇年／〝世界史の転換点と池子問題〟、旧東ドイツ、南北朝鮮招聘。九一年／ドイツ統一・朝鮮半島と市民。九二年／アジアと日本〈東南アジアＮＧＯ招聘〉国の政治学者・環境保護団体招聘）。

⑤日米首都圏計画会議（US-Japan Metropolitan Planning Exchange）、逗子ワークショップの開催一九九四（沢光代市長時代）：世界の大都市圏は多くの同じような都市問題に直面している。その中で東京とニューヨークの大都市圏が抱えている問題を相互に訪問し合同調査する中で浮き彫りにし、解決への道を探ろうという主旨の三年間の交流調査であった。一年目と三年目は東京、二年目はニューヨーク。三年目の調査では東京、名古屋、そして逗子を三つの合同チームでそれぞれ調査。

**日米大都市圏計画会議〝Zushi Case Study〟**

一九九四年七月一〇～一三日に行った日米首都圏計画会議〝Zushi Case Study〟のテーマとしては、まちづくりへの市民参加（コミュニティープランニング）、アーバンデザインの提案、環境の管理と設定、市民、行政へのヒアリング、会合、現地踏査等を行った。その結果、以下に述べるような内容の提案を報告書に纏め市に提出した。結果的に〝逗子グランドデザイン研究会〟の研究内容が国際的に裏書きされ幇助される内容となっているのは興味深い。[3]

日米大都市圏計画会議、逗子ケーススタディーの報告・提案の要旨は以下の通り。

逗子らしさの喪失を防ぐ：

①逗子らしさ、逗子のアイデンティティーが脅威に晒されている。比較的高所得者が逗子

日米大都市圏計画会議（東京・名古屋・逗子）レポート表紙

に住む理由となっている良好な住環境の劣化は生活の質を損なう。逗子に住む魅力をなくして離れて行けば、逗子の経済的豊かさの基礎である税収に大きく影響を及ぼすであろう。雇用機会の増加だけでなく、良好な住環境の維持発展の視点が長期的人口減少を食い止める方策だという視点が欠けている。

②現在進行中の先進的な長期計画の作成、すなわちグランドデザイン*の内容を生かすべきである。これが成功裏にまとまれば、今後の日本の都市計画の基本を提示することになろう。

③住宅地・路地のヒューマンスケールの維持。

④中心市街地は魅力のない建物であふれている。建築設計のガイドラインを示すべき。

⑤進行中の無計画な開発から少なくとも今の姿を何とかして残すための自衛手段を緊急に講じるべき（その後〝まちづくり条例〟がつくられた）。

・高齢化対策：

⑥高齢化の進む逗子では、高齢者の地域社会への参加が重要な政策課題である。経済的社会的な活動の場を提供する必要がある。高齢者を雇用する㈱パブリックサービス[4]が実現したことは評価できる。

・新しいタイプの都市発展を考える：

⑦逗子は経済的、社会的、環境的に潜在的に恵まれている。都市経営の観点からも、職住近接の雇用機会、新事業の機会が存在する。それを生かして新しいタイプの都市発展を考えるべきである（認識を新たにすべき）。

⑧例としてスモールオフィス、サテライトオフィス、テレコミューティングセンター、職

*グランドデザインは沢市政の終焉とともに棚上げされた。しかし後に長島一由市政による「まちづくり基本計画」の中である程度復活した。二〇一四年、平井竜一市長の下で新総合計画が審議会で検討された中で、「まちづくり基本計画」を吸収したとされているが検証が必要だろう。

住兼用建物の奨励などによって市内の雇用の増大を計る。これを地域内雇用につなげて通勤都市から地域内の職住近接を計り無駄な通勤時間をなくし地域での時間を豊かにする（⑥⑦も含めてこのアイデアは富野市長時代からあったが、以後政策的に追求されていない）。

⑨世界的な潮流から見ても、東京大都市圏の産業の主流はデザインや技術開発などのソフトな分野に移っていくと考えられる。先進国の中で東京だけがいまだに活動のすべてを都心部に集中させている。それは日本の中央集権的経済制度が地域社会に独自の成長戦略を許さない仕組みになっているからである。この傾向を地域分散型に変革する手がかりを逗子が率先して示すことができるのではないか。

⑩ニューヨークではNPA（Nature Planning Agency）が一九六〇年代から本社などのオフィスを郊外に移転させることを勧めてきた。その結果一九九〇年代には都心部の三分の二の雇用が郊外へ移り通勤が容易となった。自宅勤務も増え子育て中の母親や高齢者が仕事を続けるのに適しているので、雇用人口の増加につながる。日本経済全体の経済・雇用構造に変化をもたらすモデルに逗子が名乗りを上げる可能性がある。

自然環境の保護：

⑪神武寺～鷹取山～二子山～池子の森の保存は逗子の環境のよさを担保する根本的な命題である。これらの緑、自然美を生んだ生態系、逗子湾や川の保全は逗子の個性にとって欠かせない。

⑫現在残っている逗子の丘陵部については市の条例によって基本的に保存の義務づけをする必要がある。

⑬三浦半島道路についてはアクセス道路を限定し、貴重な自然を残している地域に開発の圧力がかからないように配慮した計画とすべき。

⑭自然保護は一地方自治体では実現が難しい場合が多い。第二次神奈川県総合計画では首都圏に緑の縁取りを設けることを唱っている。三浦国営公園との関係を検討する。ニューヨーク州では広大なPine Barren地区（マツの生育に適さない地域）の半分を永久建設不可能地とする法律を制定した。参考となる。

⑮国、県、市が関わる地域計画においては資力ある上部機関が土地を購入し、市に土地利用の管理と開発許可地域の計画作成を任せる方式をとるべき。その中で逗子や三浦半島の自然を守るために、公共機関と地権者とのパートナーシップを築くことが必要。

⑯池子の森に、市と国そして米海軍との協働事業により日米友好親善公園をつくるべきである。提供した住宅部分は必要がなくなった時点で公園化する。

**田越川の整備：**

⑰田越川水系はただ治水のための排水溝として扱ってはならない。たとえば堰をつくって水量の調整を行うなど、景観計画を含めた様々な施策を織り込んだ総合的な計画をつくり実施する必要がある。川は市民の憩いのための公共の場として大事な自然の一部であり生態系としての再生も可能である。河岸の管理用通路は県と市との協力によれば、プロムナードとしての素晴らしい潜在力がある。

**商店街：**

⑱商店街は通り全体として都市デザイン的に考え直すべき。

⑲銀座通りは歩行者優先の安全で楽しい商店街とすべきであって、そのためには昼間はバ

ス と配送車のみとして、自家用車は進入禁止とすべき。

道路：

⑳歩行者と自転車に優先権を与えるべき。

㉑街路、歩道は高齢者を意識したものとすべき。

㉒狭い道路（路地）は逗子の個性の大切な部分である人間的尺度をもった空間である。

㉓ポケットパークを結ぶ歩行者優先のネットワークがあるとよい。

行動のための提案：

①グランドデザイン審議会をつくりその役割を強化する。

②持続可能なコミュニティー開発のためのトラストファンドをつくる。

③近隣パートナーシップ協定をつくる。

**開発から環境と景観を守る**

逗子を取り巻く三方の丘陵はその大部分がすでに開発企業に買収されており、既成の市街地に接する緩傾斜部の多くが、拙速につくられた都市計画の中で第一種住居専用地域として指定されている。その半分がすでに開発されていたが、残された斜面緑地をどうやって開発から守るかが大きな課題である。

「逗子市の良好な都市環境をつくる条例」（一九九二）の成立とその後の運用：東大農学部の竹内和彦助教授（当時）が主査となって意欲ある行政職員と作業した成果「環境評価システム」が全国に先立つ先進的なものとして生まれた。内容は全市を五〇メートルグリッドで分割し、傾斜度、土地利用、植生、地質、眺望の指標によってA、B、C、Dのラン

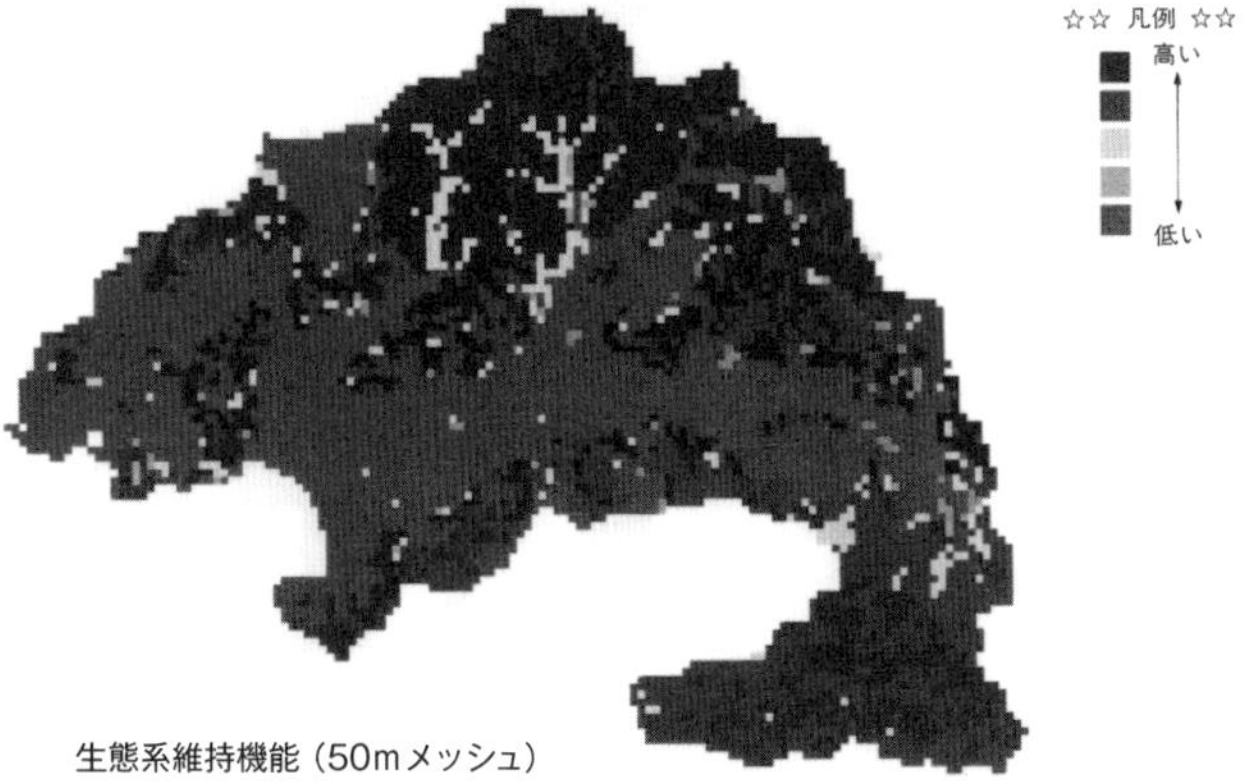


生態系維持機能（50mメッシュ）

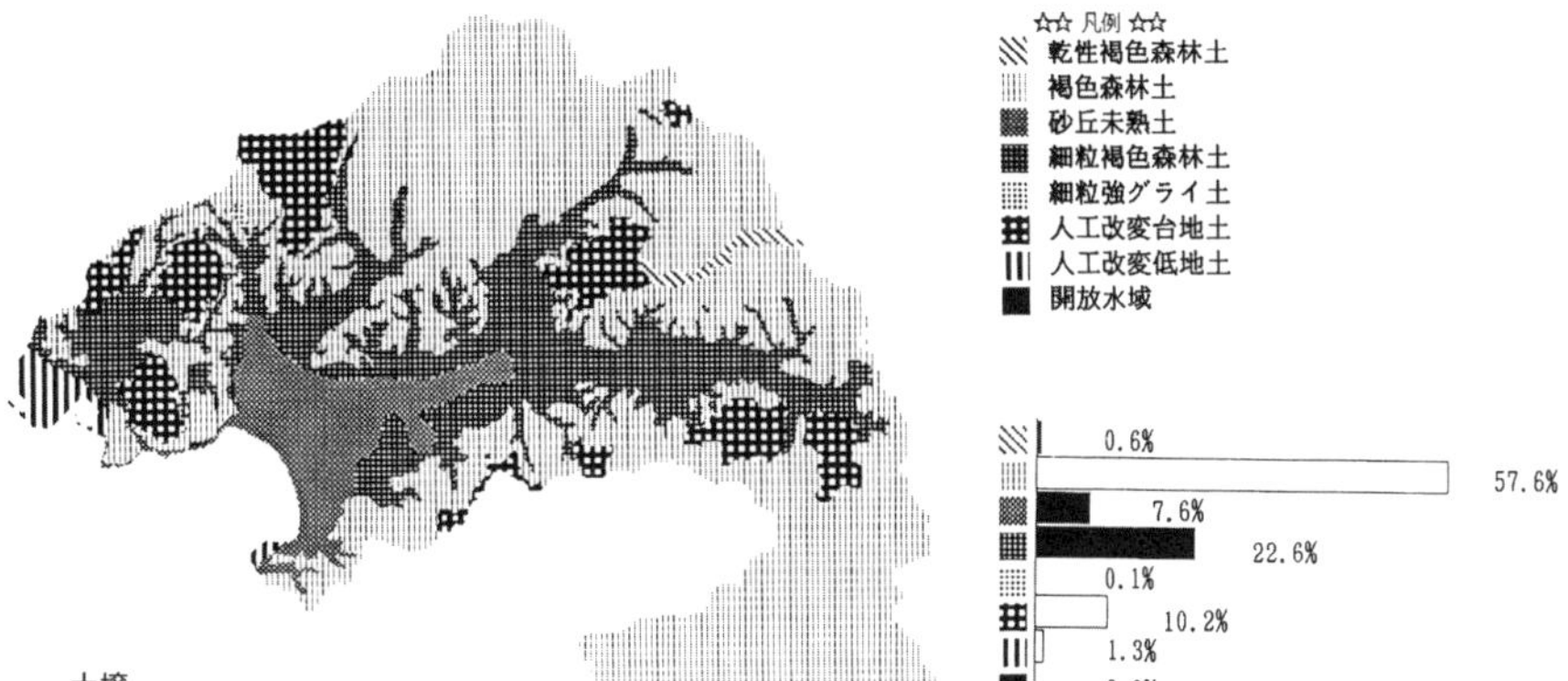


土壌

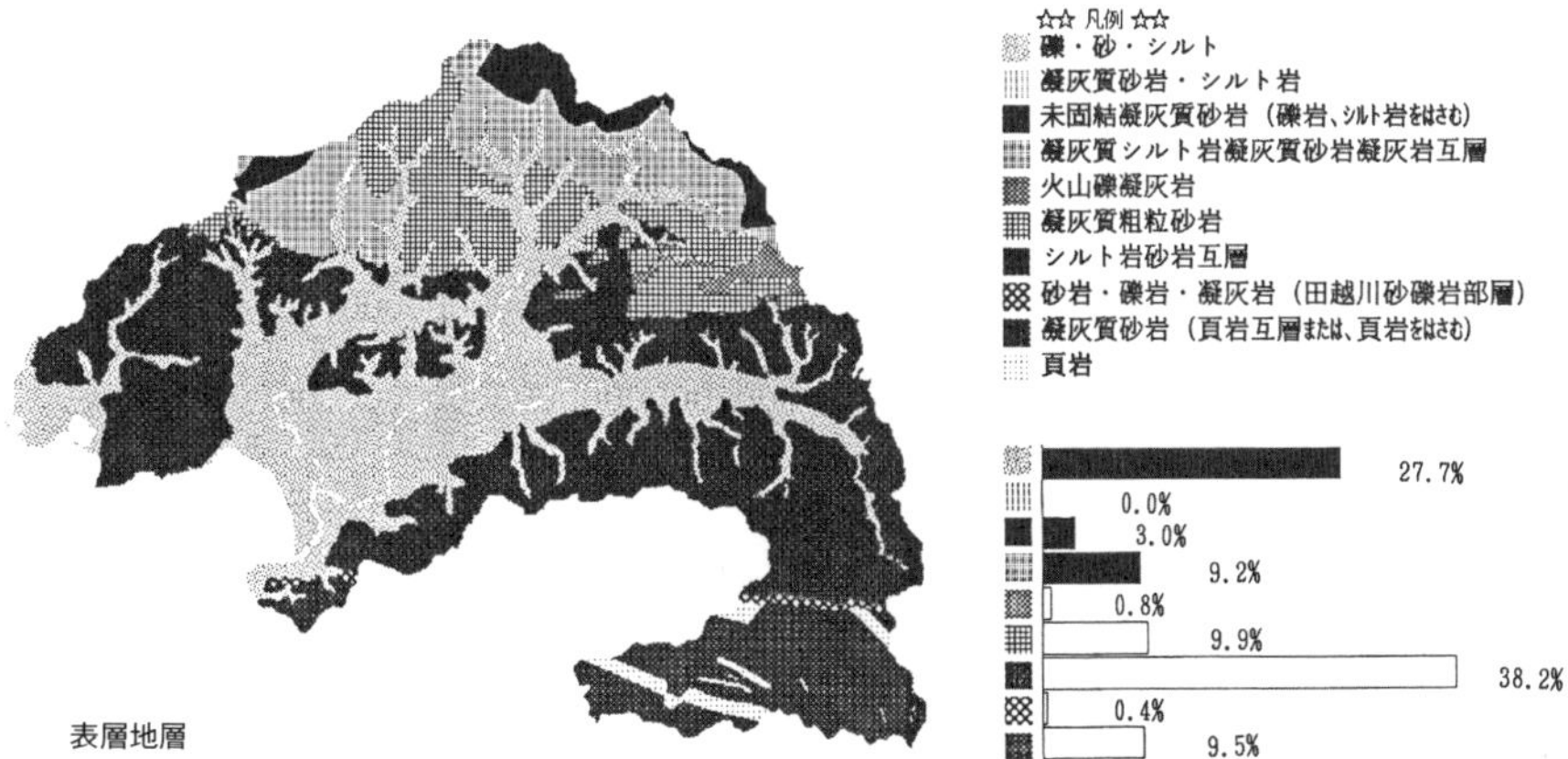


表層地層

環境評価システム図

ク付けを行い、それぞれ開発できる割合を指定する。これによって特に開発の怖れのある斜面緑地を保全する目的を合理的客観的に達成する手法が成立し、これが条例施行の客観的根拠となったのである。

しかし、富野、沢市政の後の市政の中で、「環境評価システム」の行政指導が緩和された例もあるらしい。合理的な客観性ある計画も政治的価値観により変化されうることの例であろう。この他に「資源再利用検討協議会」「情報公開制度」（一九九一）などが実施された。

**「きずなの森」里山の育成**：池子の森を守る運動と平行して、現在手が入らないために荒れつつある里山の保全活用を地主に呼びかけて契約し、市民ボランティアによって下草刈り、キノコの育成などを市民参加で行う活動である。まず桜山の徳富家の里山を拝借して山林の手入れと茸の栽培などを行った。

**JR逗子駅前広場の整備**：逗子駅前の広場は基本的にバス、タクシーの交通広場の一つで、葉山、三浦半島方面も含めて大量のバス交通サービスを処理していた。バス待ちの行列のための歩道やプラットホームもなく危険な状態が明らかだった。皮肉なことにあまりに危険なのでバスも乗客も緊張して振舞ったので事故は少なかったのである。

この状態を交通機能面で改善するための抜本的な解決が必要だったが、新市長はこれに手をつける断を下した。一方、逗子まちづくり研究会は何とかこの広場を交通広場としての必要条件改善だけでなく、逗子市民社会の活動拠点、シンボリックな拠点としての市民広場の性格をもたせたいという願望があった。その願いを込めて代替案を提案したのだが、バス、タクシー交通業界と、土地管理権をもつ県の理解が得られず採用には至らなかった。

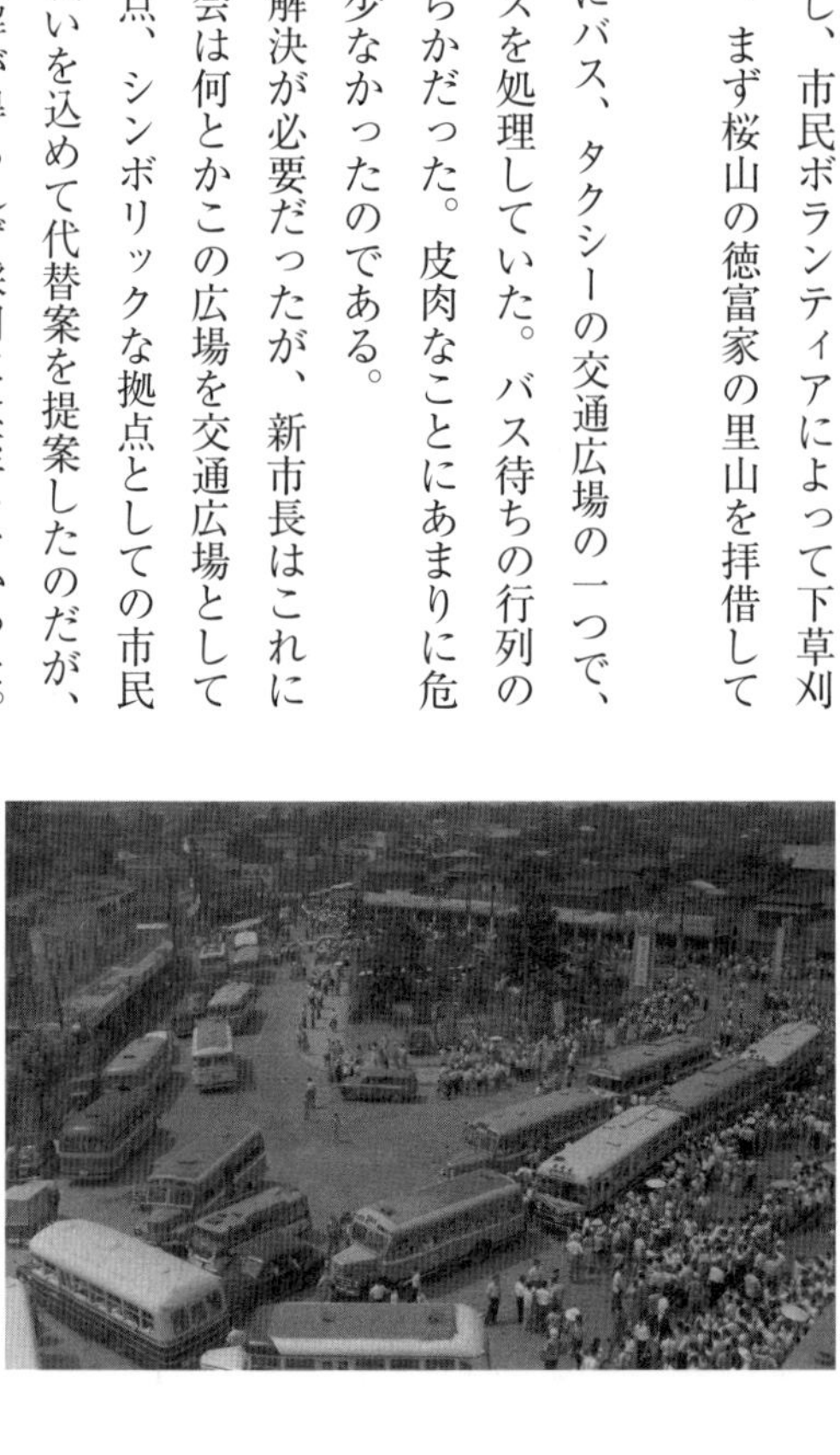
整備前の逗子駅前広場

新しい交通広場のデザインは横浜の馬車道のデザイン、仙台の一番町アーケードなどで腕を振るった高橋志保彦さんが担当された。

**女性の市政への参画：**市議会議員の選挙で沢光代さん他四人の主婦が議員になる。その後主婦の沢光代が日本初の女性市長になる。逗子では誰もが市長や市会議員になれるという気風が生まれ、若い市会議員も増えている。政治が身近になった。[5]この傾向は現在も続いている。

### 市民社会の発現としての広場随想

不特定多数の市民の日常的憩いの場、市民の意見を公に訴える集会の場としての〝広場〟が、明治以来の近代化の成果として日本の都市空間の中にはつくられてきただろうか。市民社会の伝統から生まれたヨーロッパの広場空間は、市民社会の存在しなかった日本社会からすれば未知な空間である。市民社会の生きたシンボル空間として、市民生活に密接した広場がつくられてこなかったのは当然であるかもしれない。

戦後日本に新たにつくられた広場的空間で最もよく知られているのは広島の平和記念公園である。この公園広場の設計者丹下健三の原動力となったのは、戦後ヨーロッパ世界を平和な市民社会として再構築するためにＣＩＡＭ８（近代建築国際会議8）が提唱した「都市の核 Core of city」再興へ向けての運動だっただろう。この建築・都市運動のきっかけには、産業革命以来拡大した貧富の差、列強が世界規模の侵略で植民地帝国化し、さらに人類が自ら地獄を出現させた二度の悲惨な世界大戦があった。このような倫理的に頽廃して有名無実と化してきた近代のヨーロッパ市民社会のエトス（気風）、その下で時には全

整備後の逗子駅前広場

体主義の力の誇示の場と化した広場、それをもう一度市民社会の共歓の場、ヨーロッパ市民社会の表象として復活させようと言うのが、CIAM8（都市の核）開催の主旨だったと思う。

この会議に東洋から招かれた唯一人の建築家が丹下健三だった。敗戦国日本が平和を願う広島のセレモニアルな平和記念公園はCIAM8への有力な提示物だったのである。丹下さんは当時〝市民〟という言葉を特に使ったわけではないが、市民的公共の場をつくることについて大きな関心をもっておられたと思う。広島の後も各地の市庁舎を設計され、市民の日常性に密着する空間の設計でますますその興味は深まったと思えるのだ。

ちなみに、一九六四年ユーゴスラビアのスコピエ市の地震災害復興計画（ドクシアディス・アソシエート受託）の中で担当された都心部の都市デザインの打合わせに、淑子夫人を伴ってアテネを訪ねて来られたことがある。私はたまたまその頃ドクシアディスのアテネ人間居住学センター Athens Centre for Ekistics にフェローとして勤務していたので案内役を仰せつかった。丹下さんにお会いすると早速「アゴラが見たい」と言われた。当時日本からの来訪者はまずはアクロポリスを見たいというのが常だったので、「さすが丹下さん！」と、強い印象があった。市民がフォーマル、インフォーマルに集い交歓する場で、アゴラほどギリシア文明のコア（核）をなしていたものはなかったのだ。現代ギリシア語でも〝今日はどこそこでアゴラがある〟と言えば、それはオープンな自由市場が開かれるということである。

ヨーロッパの広場のイメージ、CIAM8裏表紙の漫画

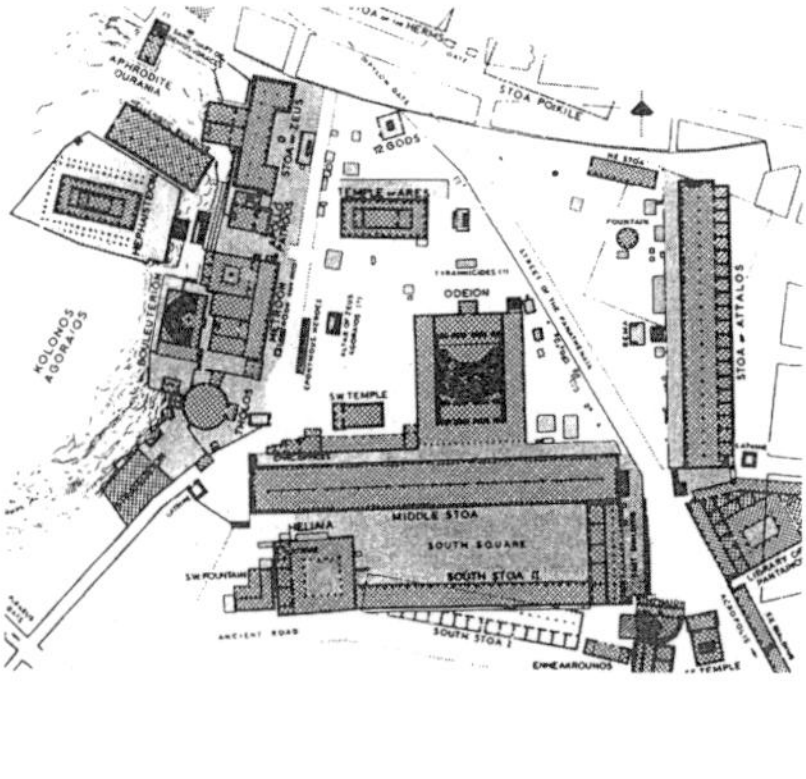


紀元前二世紀アテネのアゴラ

## 「グランドデザイン研究会」一九九二～九五

### グランドデザインの目的と原案策定

グランドデザインの目的は逗子の五〇年、一〇〇年先の将来を見通したまちづくりを進めるための基本となる方向性や、時間をかけて実現するための要件を研究することである。信じられないようなことだが、当時の市会議員の中には、「グランドはすでにそこら中にあるのだからグランドデザインなどは不要だ」と言う人がいたものである。そういう時代だった。

基本的な考えは、歴史の所産である自然や地域景観、市民にとって大切な場所やモノ、逗子固有の環境を時代の変動から守り、未来に向けて継承発展させ創造する。長期的な取組みによって自然環境や景観など今までに失われたものを再生し、新しいものを生み出し、徐々に逗子のアイデンティティーをつくる。言い換えれば、風土という場の記憶である原風景の継承とそれを生かした〝まちづくり〟をすることである。

今後予見される時代認識として、自由時間の増大で多様な市民活動が活発化し、地域への関心が高まり、働き方の意識も大きく変わる、宅地開発時代に住み始めた人びとの高齢化と少子化の傾向から人口構成も変化することなどが前提となっている。それからほぼ四半世紀経った今、その傾向はすでに顕在化していると言ってよいのではないだろうか。

また、ヒューマンスケールで徒歩圏の都市スケールであることから、車への過度の依存から脱却できるだろうとも予想している。その中で都市構造の骨格の形成、再整備、樹木

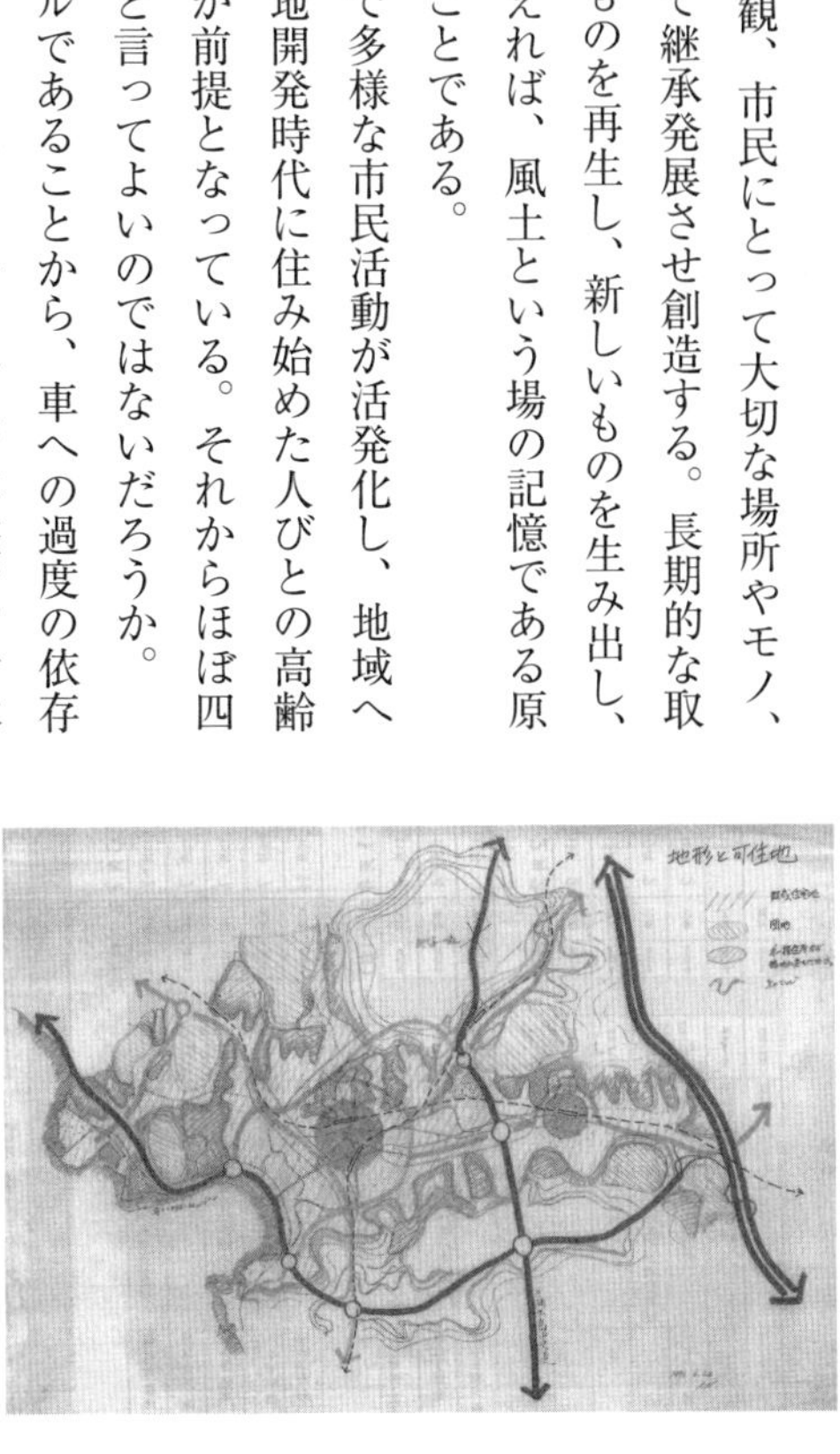


グランドデザインに関わるスキーマティック図

の育成を含む生態系の形成に必要な数十年の時間をふまえて、自然の再生や都市緑化を進めることが含まれ、超長期の総合的ヴィジョンとして個別の行政計画を先導し、個々の施策を位置づける役割を期待されていた。

本来グランドデザインも市民主体で多くの時間をかけて議論を重ねてつくるべきものである。新市政となったとは言え、池子後遺症とも言うべき市民の間の党派性がいまだ尾を引いており、全市的に多数の市民の参加を前提とした参加型ワークショップに市民がなじむにはいまだ距離があるという認識から、研究会は専門委員が主体となり原案を作成した。市民がグランドデザイン策定に向けて活動を展開する契機をつくる手段として位置づけたのである。

原案策定のための委員会の構成は学識経験者と市の職員がそれぞれ五人ずつ、原案検討委員として会長小林重敬横浜国大工学部教授（都市計画）、副会長長島孝一横浜国大非常勤講師・AUR建築都市研究コンサルタント主宰（建築・都市デザイン）、武内和彦東大農学部助教授（環境）、倉沢進東京都立大教授（都市社会学）、宮本和明横浜国大工学部助教授（交通）の五人。そのうち、小林、長島、武内は同時にまちづくり懇話会委員でもあり、懇話会との連繋をはかった。逗子市職員（部長）五名、事務局担当は林泰義氏主宰の計画技術研究所である。会は三年にわたって年間五回開かれた。一九九四年六月には図書館ホールで、「市民とともに考える五〇年、一〇〇年後の逗子」というテーマで〝逗子グランドデザイン・シンポジウム〟を開き市民への周知と意見交換を計った。

はるか後二〇〇三〜〇七年、「市町村の都市計画に関する基本的な方針」（市町村マスタープラン）を導くものとして実際に市民主体でつくる「まちづくり基本計画」につな

逗子市グランドデザイン策定事業・都市構造分析報告書表紙

がることになるが、その際、行政側からグランドデザイン原案がたたき台として市民に提示されることはなかった。これが適切だったかは議論のあるところだが、今世紀に入って池子問題を卒業した世代の市民を含めて、一から考え始める意義は十分にあったと言えるかもしれない。

### 五〇年後、一〇〇年後の市民像

**逗子ならではのライフスタイル**：当時、就業人口の五割は東京、横浜に通勤しているいわゆる〝逗子都民〟であった。しかし、予測としては情報通信技術の発達と社会システムの変化によって大都市集中型の就業から分散型に移行する傾向となり、企業の固定的な雇用は減少し、多様化するとしている。この中で、逗子を生活と仕事のベースとして自然環境や地域での生活を楽しむライフスタイルが増えていくだろう。個性を生かし、地域のネットワークを生かした働き方がつくりだされると同時に、世界の情報ネットワークとつながって開かれたかたちの地域の活力が生み出されるだろう。豊かな自然環境を選んで逗子に住む人は自然との交流、中でも環境と共生する生活の仕組みをつくるだろう、とも予測している。それから四半世紀ちかく経った今、この予測は少しだが実現に向かっていると感じている。現状については後出「新しい波」を参照していただきたい。

**主体的コミュニティー**：すでに地域での高齢者サービスの取組みなど活発な市民活動が繰り広げられているが、予測としては様々な社会的ニーズに応える市民の取組みがさらに重要な役割を担い展開する。福祉、保育、教育、自然の維持管理などＮＰＯが定着し、市民による地域に根差した新しい事業体が生まれ、新しい働き方、ライフスタイルを生むで

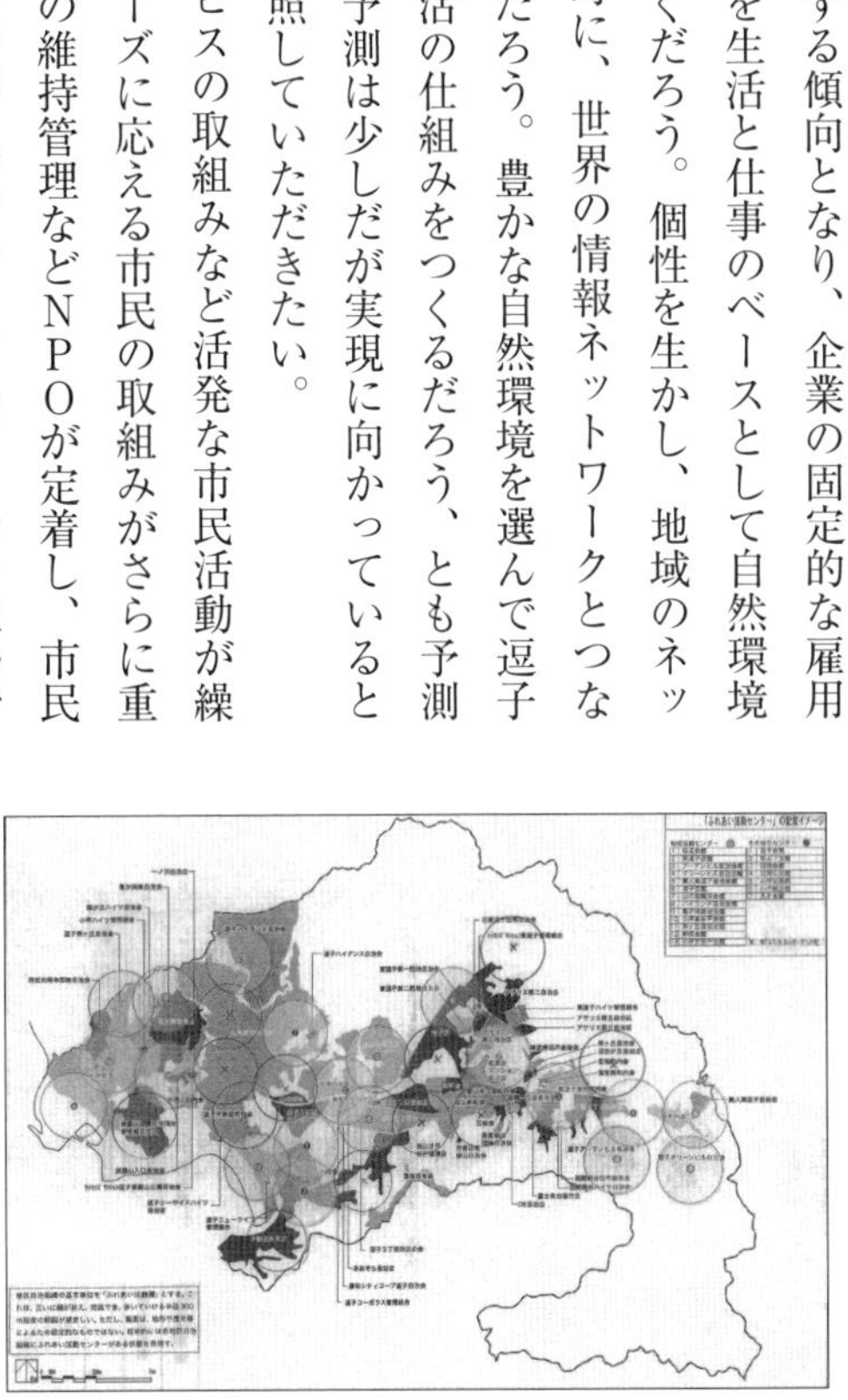

〝ふれあい活動圏〟のコンセプト図

あろう。
それぞれの地域で町内会・自治会と全市的な広がりをもった市民の活動組織が様々なレベルで連繋し、市民が都市の運営に責任をもって参加する新しい市民自治の展開も期待される、としている。それは今、まちづくり基本計画の中で提案されている〝ふれあい活動圏〟の実現への動きや、小学校区単位の市民自治への模索となっている。その中で、旧弊な寡頭支配の町内会の不都合な状態から新生の動きが生まれている例もある。

**個性的な都市文化**：ちいさなスケールの逗子ではマチの中に仕事の場や賑わいの場が織り込まれている。楽しい個性的な店が通りに連なりあるいは住宅地や自然の中に溶け込んで豊かな生活文化が息づく。市民による小さなコンサートや展覧会、討論会が活発に行われている。このような場を介して多様な市民が出会い交流し新しい地域文化を生み出している、と述べている。

　このような状態はすでにマチナカに実現し始めていて、たとえば新宿地区の屋敷通りには地域の若者たちの経営するシネマ・アミーゴやわかなパンなどが住宅の一部を活用して軒を並べ、黒門カルチャークラブでは様々な集まりが日常的に行われていて、小さな活気ある界隈をつくり始めている。

**低層なマチのコミュニティーづくり**：人と人との関係を豊かに育む〝住まい〟は単に住宅という箱を言うのではなく、住まいは地域と融合し人びとが住み合う場となる。中心部の住まいも人と人との豊かな関係を生み出す新しい都市型の住まい、低層の集合住宅としてつくられ、小さな庭や通りを介して人びとが出会い、顔なじみとなり必要なときは手をさしのべ合える関係が育まれる。毎日の生活の中で緑や土に触れ、季節の変化を感じられる、

「人々の交流のシステム今昔」スケッチ、C・A・ドクシアデスによる
高層住宅ではエレベーターで隣人をバイパスしてしまう

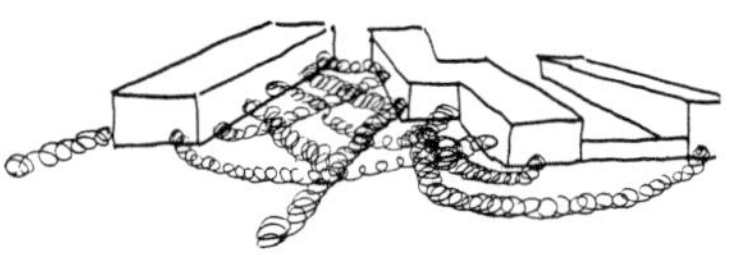

低層住宅での人の交流

と予想している。

これについては残念ながら今のところ実現から遠いところにあり、人間関係の希薄な中高層の共同住宅と駐車スペースだけで、庭のない小規模宅地に住宅という箱がひしめく状態がいまだにつくられ続けている。

**自然と共生する住み方**：逗子では、池子の森を守る運動を頂点として自然を巡る市民活動が多様なかたちであった。その過程で人が自然と積極的に関わる共生のあり方を求めることが期待される。そのような活動、生き方に共鳴する人たちが逗子を選んで定住していくだろう、としている。

自然環境に関しては、市民の手で自然環境を回復、創造する、市民が山林に関わる機会をつくる、山林を市民の共有財産としていく、マチを緑で覆う、河川生態系の再生と市民利用、海の自然環境の回復などがテーマとして上げられている。これらについては、人口の減少が問題とされている昨今、逗子の魅力が若者を惹き付け取り組んでいる例が出始めている。政策として積極的に後押しすべきことだろう。

**暮らしを支える仕組み**：歩いて楽しいマチ、弱者にやさしい交通、国道一三四号線の半地下化、中心市街地での車の利用を少なくする、省エネルギーの仕組み、地域社会を支える情報システム。

これらグランドデザインに盛られた多くの部分は、後に市民の手でつくられた「まちづくり基本計画」に結果的に継承されていると言ってよいだろう。

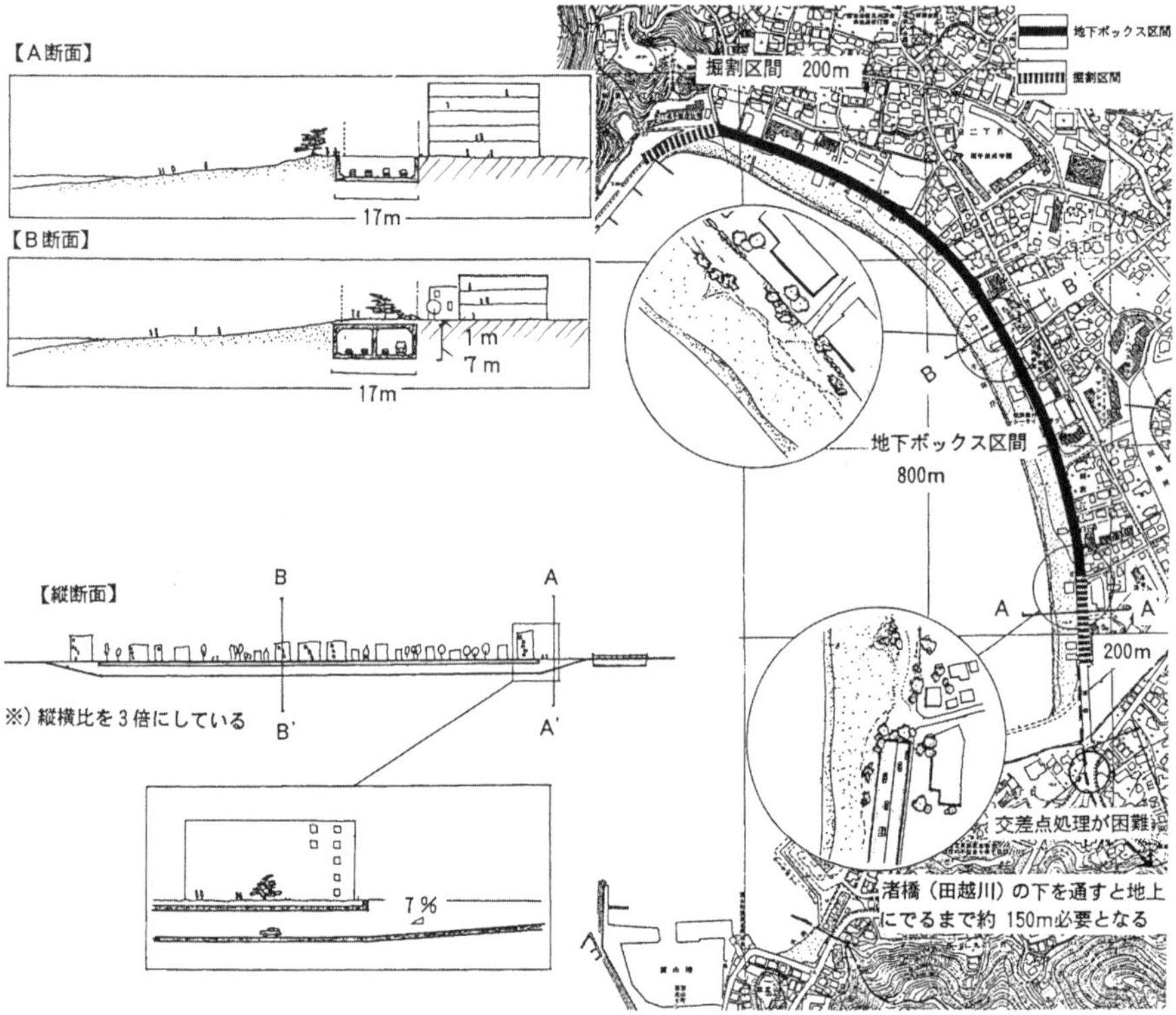


国道134号線半地下化によるプロムナードの将来プロジェクト

海浜プロムナードの事例、イギリスのランディドゥノ町

海浜プロムナードのイメージ

## 建築家、市長選挙に出馬

### 「まちづくり研究会」の発足

富野市長と沢市長の文字通り革新的でプロダクティヴな市政の約一〇年間があったが、もともと僅差で拮抗していた池子の森の保護を巡る革新と保守勢力のせめぎ合いの結果は、一九九四年ついに国から米軍住宅に池子の森が提供される次第となって終結した。そこには市民の支持する地方自治体と国家の総合的権力との間に絶対的な差があり、現代日本社会での市民力の限界があったと言えよう。

一二年の長期にわたる市民運動の過程で運動の担い手であった人びとの高齢化と疲弊、所詮国家の意志に逆らっても不毛だ、とする市民一般の諦めとが顕在化したとも言えるのだろうか。またバブル時代盛期の影響で、開発をよしとする雰囲気が市民の多くにいきわたったのであろうか。

そのきびしい状況の中で、原理主義的に筋を曲げず玉砕覚悟の運動を続行すること自体に意味を求めるか、それとも市民が力の限界まで運動し、全国的な環境意識の向上と市民意識の深化の波及効果を輝かしい実績として自己評価し、具体的には米軍住宅の高層化による開発面積の縮小など多少有利な条件で妥協するかどうかを巡って、いわゆる緑派そのものの内部分裂が起こってしまった。

この亀裂に乗じたかたちで再び保守的な地元の古いタイプの政治家平井義男氏が、それまでの流れに逆行して市長になった。このような状態の中で、革新市政の豊かな果実も言わば元の木阿弥に戻ってしまったのであった。当然のように「まちづくり懇話会」も停止されたので、六懇話会の市民委員ＯＢ約三〇人余りが中心となり、新しい市民メンバーを加えた約四〇人が「まちづくり研究会」を立ち上げ、建築家永橋為成さんがリーダーとなってその後一七年にわたって持続した。中でも特筆すべきは、会の自主事業として松本寛さんがリーダーとして行った「まちづくり景観賞」である。まち歩きの結果、市内五〇ヶ所でまちなみ景観を選んで顕賞し、プレートを表示した活動である。所有者の誇りに訴えてまちなみを形成するしつらえを維持しようという戦略であり、登録有形文化財（文化庁）と相似だと言えよう。こうして行政内部では棚上げにされた市民参加参画の遺産を何とか継続することができたのであった。

この市政四年の間に、開発指導要綱は改悪され、開発指向の政策が実施されてきた。はたして平井義男市長は第一期の任期が終わると、一九九八年一二月の再選を目指して立候補する意志を表明した。市民が宅地開発などをどう評価するか、それを含めて市民が判断するときがきたのである。

四年に一度の市長選挙は、多くの市民がまちづくりを真剣に考えるよい機会である。前回の選挙までは池子問題が政治的なシングル一イッシュー（単一課題）として選択の前面に出ていた。三島市長まで等閑視されていた長期の企画、計画レベルの〝まちづくり〟は富野・沢市長時代になって総合的で幅広い検討がなされ、三島市長時代から懸案となっていた駅前広場などのプロジェクトは実施された。しかし、法令制度やその他の事業や地区的レベルの〝まちづくり〟の実際は、どちらかと言うとその緒についたばかりだったとも言え、これから本格的な〝まちづくり〟に着手しようとする時期でもあった。

まちなみ景観賞のプレート

## 「まちづくり学習会」の立上げと立候補

そこで市民により客観的、総合的にまちづくり政策を評価する眼を養ってもらう意図で「まちづくり学習会」を立ち上げ、一週間に一度のペースで七回の学習会を長島が中心となって催した。田村明、倉田善明、園田真理子、岩村和夫、大友直人などのまちづくり専門家、建築家、文化人が参加して下さり、学習の内容も市民に広く情報提供することができた。

そうこうするうちに、学習会で検討されているまちづくりのアイデアや政策を実現する当事者として、貴方自身が市長となるべきではないか、という声が出てきた。私自身も市長候補三人の顔ぶれを見ると、やはり開発指向の市長が再選されるのではないかと、かなりの危機感をもつに至っていたので、急遽一二月一日「まちづくりを市民の手で進める会」を後援会として出馬を決意したのであった。

これは投票日のわずか二週間前だから、選挙技術のプロの見方からすれば無謀なことだそうで、一〇〇〇票も集まれば上出来というのが下馬評だったらしい。おかげで選挙の玄人筋はすっかり匙を投げたようで、妙な選挙プロのような人も寄り付かず、娘の真里、息子の源が事務局を担当してくれ、家族の全面的な協力と、まちづくり活動などで知り合った市民、建築家・都市計画家の友人仲間の応援を含め、一二月の寒い選挙期間中だったが豊かな人間関係の中で選挙戦を味わうことができた。

私としては市民的な選挙と言うものは日常生活から離れたものであってはならない、ごく普通の市民が毎日の生活や生業を営みながら市民活動の一環として日常の延長上で行うものだ。お金の面でもごく普通の市民が無理せずに貢献できる範囲で行えるのが市民的選挙だ。だから市長選に出るならそれを実践してみたい、とも考えていたのである。

だから選挙期間中、自分の主宰するAUR建築・都市・研究コンサルタントの所員を動員することもなく平常通り仕事を継続していた。選挙事務所は自分個人の逗子アトリエのガレージを使った〝ガレージ選挙〟で、宣伝カーは手元の軽自動車を使った。資金はわずかな自己資金と市民や建築家等の仲間や友人からのカンパでまかない、結果的には自己資金の拠出は約七〇万円だった。小都市の市長選挙の出費がごく一般的な市民が自前でまかなえるレベルのものという意味で、日本の選挙は健全なシステムだと言ってよいのではあるまいかと、このとき初めて納得したわけである。

選挙の結果、市長当選者は元鎌倉市議で池子問題に全く関係のなかった三〇歳の若者で、名前も一字違いの長島一由氏だった。私の得票は三三〇〇票で辛くも現職の次の三位に入った。おそらく市民は池子開発反対と容認の市内の十数年にわたる軋轢に倦怠感をもち、池子問題と全く無関係の言わば他所者の若者に期待を賭ける選択をしたのだと思う。やはり逗子の市民は合理的で賢い。

選挙運動を通じまたその結果から、私にもそれがはっきりと理解できたから、気分を一新して若い市長をまちづくりの場面で積極的にサポートする気構への切り替えができた。それが「まちづくり条例」と「まちづくり基本計画」策定への私としての市民参加参画となって発現したのである。

建築家が市長選に立候補。家族揃って選挙活動

◆参考

［1］富野氏の市長在任期間：

一九八四年一一月、市長選挙。富野煇一郎氏が当選。

一九八六年四月、市議会選挙（市長選挙の二年後）。反対派一二、容認派一四人が当選したが得票数は反対派が上回った。拮抗状態が存続していた。

一九八七年一〇月、富野氏辞職して民意を問うたが僅差で再選。

一九八八年一〇月、富野市長任期満了の選挙、伊那氏に三〇〇〇票差で富野氏が当選。

一九九二年一一月、富野市長任期満了で不出馬を表明。「市民の会」の選定委員会で指名された沢光代さんが市長候補となり、大差で全国初の女性市長として選任された。


［2］グローカルという造語について：一九九二年ＪＩＡ日本建築家協会がＵＩＡ国際建築家協会連合より委嘱された“Architecture of the Future”＝ＡＯＦ作業グループ（リーダー長島孝一）ではこのＧＬＯＣＡＬという造語を提案して、ある意味逗子と世界を結ぶキーワードとした。ＡＯＦは六年間国際的に作業し、中国、スペイン、フィンランド、ドイツ、日本などで作業シンポジウムをもち、一九九九年ＵＩＡ北京世界大会のテーマとして採用された。その際まとめた論文はＡＯＦの報告 GLOCAL Approach towards “Architecture of the Future” として発表した。

［3］逗子チーム：リーダーはニューヨーク地域計画協会ＮＰＡ理事 R.D.Yaro と長島孝一（ＡＵＲ主宰）とが務めた。日本チーム：中井検裕（東工大）、市川広雄（富士総研）、林泰義（ＫＧＫ）、長島キャサリン（ＡＵＲ）、安田奈美子（都立大）、オブサーバーとして山口寛之、高橋潔、西浦定継。
ニューヨークチーム：Robert Prani（ＮＰＡ環境プロジェクト部長）、C.Walker（ラトガース大学都市政策研究所副部長）、K.McDonald（サウスフォーク計画グループ副部長）、J.Sochi（公共空間プロジェクト Inc.）、E.Shoskes（ラトガース大学博士課程）。

［4］㈱パブリックサービス：設立一九九一年八月、二〇一三年現在、資本金一〇四〇万円、逗子市持株五一％、平均年齢六七・三、常時一〇〇名前後の高齢者を雇用して、児童公園、ハイキングコース、駐車場管理、福祉バス運行、学校開放支援などの市の業務の一部を担っている。この機関が市の行政の肩代わりのみならず市の活性化に必要な創造的作業、たとえば駐輪場・サイクルシェアリング、テレコミューティングに必要なスモールオフィス施設などに乗り出す可能性があるだろう。今後の課題である。

［5］その他以下のような施策が実施された：

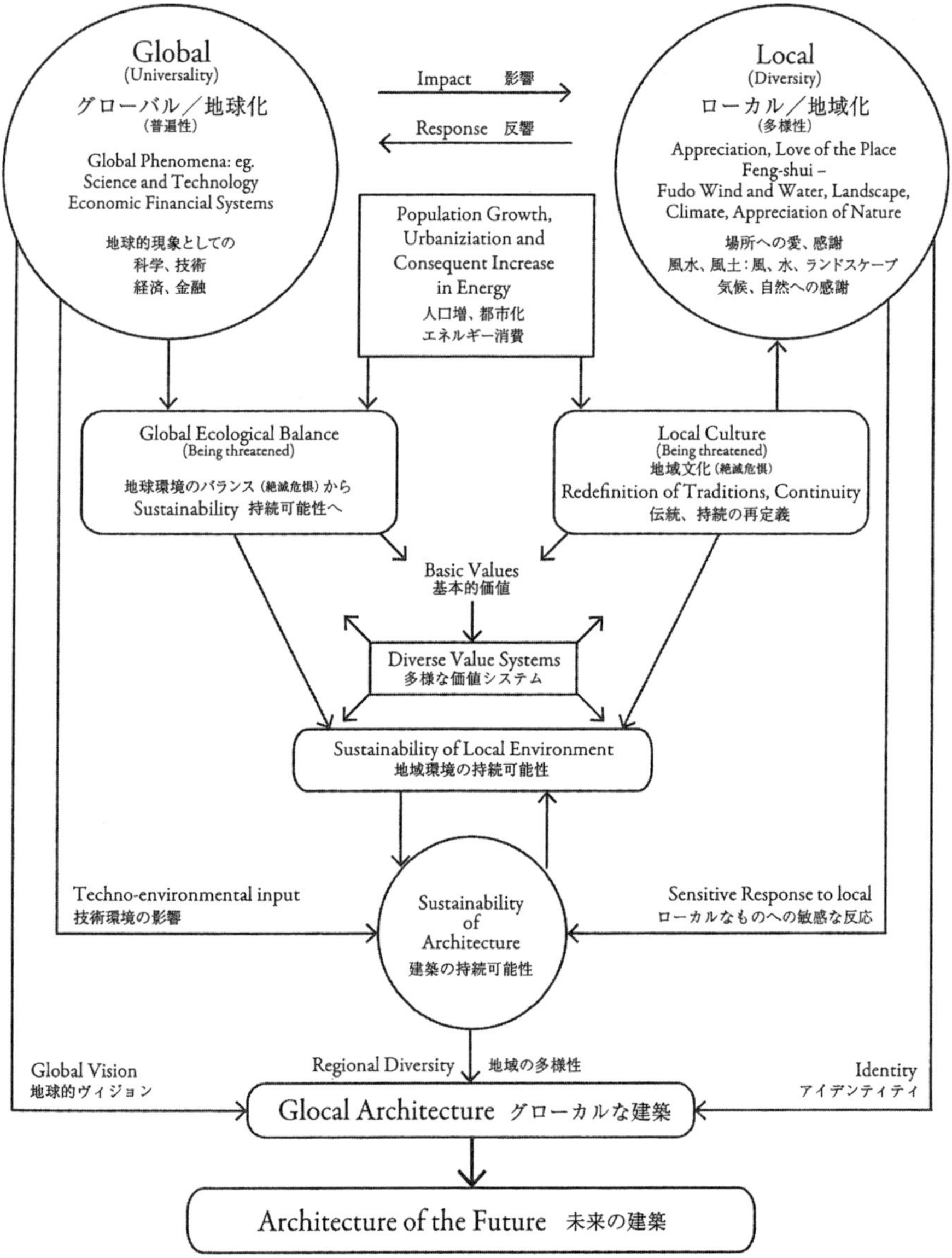


GLOCAL Approach towards "Architecture of the Future" 概念図 ©Koichi Nagashima

・沼間中学の体育館指名コンペ／初めての市民建築家の審査参加
・地区の計画―ハイランド／下桜山、沼間
・富士見橋の高欄／住民の参考意見を求めた上で決定
・親水護岸／田越川の一部に環境護岸
・市の嘱託デザイナー制度／正式なコンペにするほどの規模ではないマンホールの蓋、市広報版、ゴミ収集車デザインなどに逗子、鎌倉、横浜の三人の建築家を一定期間選任し三案出してもらい、市長と担当部が比較選択するシステム
・逗子駅前、大崎公園、地区公園公衆便所コンペ／市外建築家、市民建築家、行政担当部長審査員による選択

# 四　マチこわしからの脱却

市民まちづくりワークショップ

## 日本の建築、まちづくりの課題

日本の一般的なまちづくりの課題や問題をここで整理しておきたい。端的には、われわれがほとんど無意識に〝マチこわし〟をしてきたこれまでの〝まちづくり〟からの脱却を考えるという課題である。逗子を含めた日本の建築・まちづくりの現代的課題は、〝国のかたち〟にまで考えを致し、その中で目的と方法を構築することではないかと考える。日本の都市や田園に、健全な美しさ、本当の意味での生活の豊かさのある〝市民社会〟が生成的viableに存在しているかどうかを検証し、グローバルスタンダードに照らして改善に向けて考える機会ととらえたい。最近の新国立競技場問題は、日本社会の抱える建築・まちづくりの仕組みの構造的な問題を顕在化させ、あらためて抜本的に考える契機をもたらしたのかもしれない。[1][2]

### 制度、仕組みへの抜本的改革

日本は今、歴史の中で大きな転換点の入り口に立っていると考えられるが、それと同時に都市・田園のありさまは極めて不安定で流動的な状態にある。一時期、人口増と都市化に伴う無秩序な開発に翻弄されたかと思うと、今や人口減の趨勢に晒され、膨大な空き家を抱え、農業政策も定まらず、限界集落が続出し、田園の美しい風景が喪失しつつあるというわけで、「建築・まちづくり」の将来へ向けての課題は山ほどある。

現行の法律・制度・慣習の多くが戦後の非常時に当時の現実に対応する優れた産物であっ

設計案の選定

専門家集団が総合的判断を

建築家
元UIA国際建築家連合理事
長島《ながしま》 孝一《こういち》

新国立競技場設計案の問題は、日本の建築、そしてまちづくりの仕組みを、根本からただすために、よい機会を与えたと思う。

ザハ・ハディド氏の案は経済性や事後の利用で問題視された。しかし、それは設計者に与えた企画・プログラムの欠陥が招いた結果にほかならない。

不適当な設計案であってもゴーサインを出したコンペを含む仕組みには、建築家・都市計画家など専門家による公正な第三者機構が関与していなかった。

今回の「国立競技場将来構想有識者会議」のメンバーとして建築専門家は安藤忠雄氏ただ一人で、大部分は利害関係者であるスポーツ団体関係者が占めた。これがまず大きな問題だ。

これは建築に限った話ではない。原発問題の対応を見るまでもなく、日本には中立的な専門家集団による第三者機関のチェックと助言がないまま、ゴーサインが出ることが少なくない。

いまのままでは、建設の利害関係者たちの思惑が優先され、納税者や実際の利用者の安全や利益を守るために不可欠である、公正な判断の仕組みが存在していないと言わざるを得ない。

加えて施設周辺の地域の歴史や景観、維持されてきた生態系なり経済活動などは、単純な数値だけでは判断しきれない要素である。

にもかかわらず現行では、建築・都市計画の公平性は容積率・建ぺい率、高さなど、数値によって判断するという考えに基づき法制化され、地域の環境を定性的側面を含め総合的に判断する仕組みが無い。

これらの要素も、その道の専門家集団が総合的な判断を下すべきなのに、その仕組みがなかった。

そこで、英国でロンドン・オリンピック施設整備にも有効だったとされる建築都市環境委員会（CABE）を紹介したい。

CABEは1999年、国が創設して、建築、造園、都市計画、法律、経済、社会、都市経営などの専門家からなる建築・まちづくりの助言、支援機構である。

06年、オリンピック施設庁（ODA）が設立され、広域にまたがる施設や交通インフラなどの企画、計画や、コンペの支援、オリンピック後の施設の取り扱い、人材の教育訓練などを一元的に統括し実施した。

これらの幅広い分野について、広い分野のプロフェッショナルが集まるCABEからの助言と支援が提供された。

この結果、主競技場を常設と仮設に分け、オリンピック直後利用の事前マスタープラン作りにも辛口だが建設的な助言を与え、成功に導いたという。

日本でも、CABEのような組織が機能することが望ましい。課題は英国並みに本物のプロ集団を作り上げられるかどうかにある。


朝日新聞二〇一五年九月五日「私の視点」掲載文

たことは認めよう。だが六〇年安保や六四年オリンピック以来、半世紀もの間抜本的改革をしてこなかったことが国の活力を削いできたと言わざるを得ない。すでに〝賞味期限〟の切れた戦後の非常事態対応型の都市計画・建築の法制・仕組み・慣習を抜本的に見直す必要がある。根本的にはまず日本の将来を見据えて、経済至上万能主義、定量的判断と私権の絶対視に偏した制度を見直し、健全な定性的で包括的な判断をも可能とする日本型〟計画許可制度〟へ向けた改革のプログラムをつくることが求められていると思う。

一九世紀フランスの政治思想家A・トクヴィルは、アメリカ視察の結論として「アメリカ人は勤勉によって富と地位を得ることが人生の使命だとする共通の〝心の習慣〟をもっていて、制度は民主的だがそれ以外の生き方を認めようとしない極めて強権的な社会となっている」と述べている。さて、もし彼が現代日本を訪れて日本の市民社会の実態を見たら何と言うだろうか。おそらく「日本人は勤勉正直で制度は民主的だが、経済至上主義、物質主義的、組織依存型で、それ以外の生き方を認めない極めて強権的な社会になっている」と言いそうである。

以下、トクヴィルの顰みに倣って、日本人の〝心の習慣〟を取り上げ、日本の市民社会の〝建築・まちづくり〟にとってそれがどのような構造的な意味をもつのか考えてみたい。

## 心の習慣とまちづくり

たとえば新国立競技場の場合、有識者会議という言わば受益者組織の要求をほぼそのまま積み上げた巨大な建物を強引に、合法的に建てることが目論まれたようだ。その際、神宮外苑地域の歴史・文化性、環境などの本質的・定性的な検討を抜きにして、建築・

都市計画制限の数値を過大に設定し直し、それを国際コンペの要項に盛ったという不都合な事例であろう。コンペ入選案の規模やコストの問題が議論されているが、その根にはもっと深い定量的・個別的・裁量性のない建築・都市の法律や制度の根本に関わるものがある。

戦後の国民的願望となった経済復興の延長上の経済至上主義という国民的〝心の習慣〟は、もっぱら数値的評価に依存する。また戦前の社会では実現しなかった戦後の豊かさの中で、社会的な物質的公平性を実現しようと執着した事情がある。普遍的な公平性を達成しようとする意志に基づく法制の中で定量的な数値主義が根付いてしまい、それが〝心の習慣〟にまでなったのではないだろうか。建築・まちづくりについても、公的計画者である行政は客観的平等な制御方式の根拠を、数値基準においてそれを機械的に運用してきた。それには前述した全体像の他にもう一つ理由がある。それは定性的で包括的な判断を下す能力知見をもった専門家、行政官の人数が極めて限られていたからでもある。

このような状況のために建築・都市に関わる行政には次第に自分で計画を考え判断をしない体質が身に付いてしまい、それが永続的な〝心の慣習〟となってしまったようだ。現状追認的な都市計画行政の場面で、都市計画とは道路計画と土地利用の追認的な色塗り（塗紙計画？）でしかなかった感がある。また許認可行政の担い手には都市計画専門家は皆無にちかく、ほとんどの行政の現場では都市計画にはほとんど素人の行政マンが当たる状態が続いていると言ってよいのではないだろうか。

しかし現在、継続的な経済成長と人口増加を前提とした野放図な計画（?）は容積率一つとっても破綻を来している。ちなみに現在の容積率消化率は全国平均で三割程度であり、しかも経済成長の鈍化、人口減少などの傾向の中で、定量的な側面でも現行の都市計画は現実性をなくしている。たとえばもし現行の容積率目一杯建てたとしたら、都市の姿はどうなるだろうか。正に〝地獄絵〟となるのだ。高さ制限についても、敷地単位での制御だから町並みを整えることは至難である。

E・ベーコンの著書〝The City as an Act of Will（意志的行為としての都市）〟は〝都市デザイン〟の大切さと実践を述べているのだが、そのような包括的意志的要素を含んだ都市デザインが一般的にほとんど起こり得ないのが日本の都市の状態なのである。「〝感性の参加〟によってつくられない建築・都市は不毛である」、とつくづく思う。逗子市のまちづくり基本計画の中で不足しているのは都市デザインであろう。今後の課題である。

明治維新で国民国家が達成されてから終戦まで、国権・国体が優先されて個々人の国民の権利が不当にないがしろにされた経験がわれわれにはある。それに懲りたからだろうか、日本社会の振り子は無意識に逆方向に振れたようだ。その結果、合理的哲学的に十分な吟味なしに私権の絶対視がまかり通っているように思える。よくある例だが平屋建ての住宅が卓越している住宅地域で、高さ制限もなく、過大な建蔽率・容積率が付与されている地域が多い。そこでは、ある日突然隣に中高層のマンションが屹立し、日照、通風、視覚的プライバシーなどの基本的な居住条件だけでなく、地域の歴史性、文化性、社会性、交通、景観等の〝住みよさの秩序〟が侵されるという不当な事態が起こる。伝統的な京都の町家地区でさえ、このような事態が頻発し町並みと生活環境をこわしている。

このような行為こそが住民の本来の〝私権〟である生活権、財産権を脅かすものであるのに、開発事業者側の経済的利益が私権として一方的に守られるのが通例だ。これもわれ

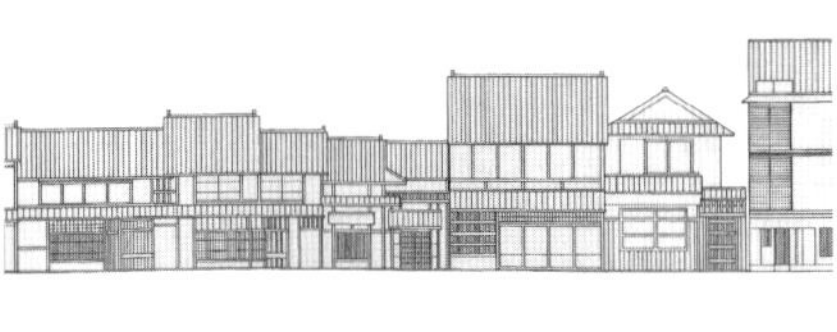
町家の立面図

京都の町家の背後に建つ中高層マンション

われの〝心の習慣〟がいつの間にかマネー経済至上主義になっているからだろう。このような〝不当なれども合法なり〟という状況を正当化してきたのは、専門家（集団）による包括的で定性的・質的判断を、主観的恣意的で公正を欠くものとして排除してきたからである。すなわち日本近代社会では、専門家ないしは〝プロフェッション〟が単なる職能として扱われてきた経緯がある。本物のプロフェッションというものが文字通り天に責任をもつという、市民社会の中で基本的に有すべき倫理性・公益性を除外視した存在とされてきたからである。これは「六　あとがきに代えて」であらためて扱うつもりである。代わりに誰でもひと目でわかる固定的で定量的な判断基準が数値で表現されていて、〝ひと目でわかる〟ことのみが公正で客観性をもつとされ、したがってそれを合法性の根拠と見なすという、まことに不可解で非合理な〝心の習慣〟ができているのである。

## 法定都市計画の究極の姿

既得権的私権の過度の優越が〝不当なれども合法なり〟を成立させている。たとえば全国にいくらでもある逗子のような住宅都市の場合、もともと歴史的に住民は一、二階の低層の住居環境を当然のこととしてマチの形成を行ってきた。その風土に土着した住環境を、現実と記憶の両方にまたがる原風景として享受してきた。マチがたまたま人口的に発展しても、おそらく高さ三階までのまちづくりならば、長い間に培われた従来の人間的スケール感のある環境の質に大幅な変化を加えることなく適応でき、どうにか原風景を生かした発展形としてのマチができそのマチのアイデンティティー（らしさ）が持続できたであろう。

ところがどうも首都の中心街をイメージしてつくられたとおぼしき都市計画法が全国一律に適用されたことによって、中小都市のマチとしての歴史的継承性や環境としての連続性が失われ破壊されてきた。むしろ都市計画法の適用前の居住環境のあり方が、住民にとって本来的な既得権であり私権ではないのだろうか。このような土着の風土を尊重し、環境の継続性を担保し、微増的でマイルドな都市の発展型をつくる当然の権利は、中央でつくられた一片の法律によって無視されたのである。この辺の経緯や法律論をぜひ聞きたいものだ。

たとえば土地の所有権という観念のなかったアメリカ先住民、オーストラリアやボルネオの先住民などは、植民地行政によって文明的（?）な所有権絶対視の法律がもたらされたために、先祖伝来そこで生きてきた土地であるにもかかわらず、気の毒にも不法占拠者の地位に落とされ彼らの本来的な権利は無視されてきた。最近になってやっと先住民の生活権の復権が日の目を見るようになってきたのである。同じように日本の特に中小都市の先・住民は、環境に対する本来的な私権を合法的に奪われ、マチこわしの被害者になったと言えないだろうか。

「まちづくり条例」を逗子市民が参加してつくる過程で、現況として低層の住宅地に合法的に中高層のマンションが建ち、既存の住環境を破壊する典型的な問題が明らかになってきた。これを根本的に解決するには、建物高さ・容積・建蔽率など現行の規定を思い切って下げる必要を市民は強く感じたのである。人口が定常状態からむしろ逓減しつつある逗子市で、将来床面積の需要が今より大幅に増加するとは考えがたい。二〇五〇年に日本の総人口は一億人を切ると言われているが、おそらく日本中の都市が平均して同じような状態にある。これからますます法定容積率とその達成率のギャップは開いていくと考えてよかろう。そのような事態が起こる前に、土地利用計画を抜本的に見直していかなければならないと、あらためて思うのである。

現行の都市計画法の非現実的な容積、高さなどは既得権益化していて、これを下回る規定をつくるダウンゾーニングは私権の侵害と見なされうるという問題がある。この既得権は何に依拠するかと言えば、都市計画法という法の名において過大の経済成長を見越してつくられた達成不可能に近い非合理的、非現実的な容積であり高さである。逗子の容積率の達成率は現在三〇%程度であり、全国平均とほぼ同じである。すなわち、このような非現実的な都市計画が国土の不動産価値の維持のために現実に全国的に採用されているのである。このようなまことに非合理的な前提が日本の都市計画の基礎、さらに言えば日本経済存立の前提になっているのはむしろおどろくべきことであり、ぜひ時代を再評価した構造改革の対象としなければならない問題である。

単純化を怖れずに言えば、主として都市計画の地域制と容積率に連動して評価されている地価は、極端にインフレートされた架空な価値で、実際の価値の数倍で評価されてきたと言ってもよい。この架空の土地の価値を担保として金融が行われることで経済発展が促進され、そのからくりが破綻してバブルではじけたのが実際のところではないのか。これはもはや到底市民の住環境を保障し豊かにする本来の都市計画と言える代物でなく、住む環境の価値ではなく不動産売買という経済活動の営利のみを前提とした不動産計画と呼ぶほうが妥当であろう。

これからは目を覚ましてこのような不動産計画のからくりを正し〝堅気なまちづくり〟

をする必要があるわけだが、そのための正当な手段としてのダウンゾーニングについて、合法性を証明できるだけの理論武装と政治的決断を必要とするであろう。しかし、このような考えに対する法律家の判断は現在極めて悲観的なようである。憲法に遡ると私権の優越性には逆らいようがなく、常識的・良識的に公益と私権のバランスをとることが法律的には難しい。法律ができる前の自然的権利状態や市民社会の原理に基づく法の運用というのは何の意味も有しないらしい。

かりに都市計画通りの容積率を達成した場合の状態をシミュレートしてみると、これはもう〝地獄絵〟としか言いようのないすさまじいマチの姿が出現する。私の教えていた東京芸大大学院学生に逗子の一部を取り上げてシミュレーションする課題を出したが、その結果には彼らもショックを受けたらしい。行政はマチの〝地獄絵〟を作成して市民に見せ、法定都市計画の究極の実態がどのようなものであるのかを明らかにし、市民の判断を仰がなければならないのではないだろうか。善良な市民はあくまでも〝お上〟の決めた都市計画なのだから自分たちに悪いようにしていないと信じているからである。法定都市計画の実態が、実は不動産計画でしかないことを市民が実感して初めて市民がまちづくりの重要性に気づき、まちづくりに市民参加の欲求が生まれるというものではないか。

「まちづくり条例」をつくるに当たって、逗子市の行政は国の方針が決まらなければ高さ制限や容積のダウンゾーニングはできないと頭から考えていたようである。妥当なまちづくりを担保する唯一の現行法的可能性は、住民の多数の発意と合意による「地区まちづくり計画」の延長上にある都市計画法の「地区計画」しかないというわけである。そうなのだろうが、本当にそうであってよいものだろうか。自治体の即地的判断が排除され、また一般論として普遍的に適用可能とする方法が存在せず、専門家の過分の労力を要する特殊解的な地区計画だけが頼りになるというのは本来おかしくはないだろうか。また既成住宅地に都市デザインを適用することは夢の夢なのだろうか？　これについては、この後に住みよさの秩序を担保するイギリスの「計画許可制度」の中で多少考察するつもりである。

## 〝住みよさの秩序〟ということ

原風景の尊重とそれを生かすという考えに基づく景観的配慮、歴史的環境保全、サステナビリティー、建築ヴォリューム、高さ、日照、風通し、交通へのインパクトなどを包括したアメニティーという概念、それを担保する〝住みよさの秩序〟というものが〝まちづくり〟の基本概念として考えられるだろう。おそらく日本の国土に必要な方策は、本来分け難い領域である都市と田園を別個に区割りにせず一体的に取り扱い、地域の風土・産業・歴史・文化を包括的に扱う政策立案、法制と実践であろう。

そのためにも単なる機械的数値制御方式を超えて、環境と市民社会の価値観を公正に判断し実践できるシステムをつくりださなくてはならない。そこで、国土のスケールや歴史の古さなどで日本と相似の部分があり、かつ市民社会の成熟度の点で一歩先をいくイギリスの建築・まちづくりの方法論、「計画許可制度」を取り上げてみた。個人的経験を通じて具体的に見てみよう。

逗子市新宿一丁目のミニ開発

**計画許可制度の実態―アングルシーでの個人的体験**

北ウェールズの田園は湖水地方に似て美しい。アングルシー地域は、小さな半島がネス湖のような細長い氷河湖によって分断されてできた一種の島である。ローマ帝国の侵略を拒んだケルト民族のドルイド神官群が最後まで抵抗した場所でもある。ここに築一七〇年の二階建ての民家がある。家が面する道路から丘の尾根線までのびる短冊形の敷地は約一エーカー。スノードン山系を遠望する尾根近くに夏向きの〝方丈の庵〟を建てたいというクライアントの要望である。

そこで地元アングルシー・カウンティー（郡、人口約六万）に計画許可を申請した。すると計画専門官 Planning Officer がやって来て、施主と建築家（私）の話を聴き、敷地とその周辺を観察確認した後、前例を含めて検討した結論を一週間後に文書で通達すると言って去った。一週間して手にした文書を読んで驚いた。「貴殿の計画まかりならぬ」というお達しである。その理由は、「貴殿の計画された家は敷地の中で丘の稜線近くに位置する。そこからのスノードン山系への眺望は当然よいであろうが、それはすなわち周辺地域からよく見えるということであり、建物は丘の自然な稜線の景観を損なう怖れがある。したがって不適切である」というものだった。

それに続いてやや定量的な文言が続く。「しかしながら、建物に付随する既存の仮設的小屋掛け shed の工作室の建蔽 footprint を使って増築してもよい」と宣うのである。日本流に言えばここは住宅地域であり、建蔽率・容積率的には全く何も問題ない計画のはずなので私としては晴天の霹靂だった。しかし、景観をそこまで尊重する自治体の姿勢は新鮮な驚きでもあったので、あえて不服申し立てをしなかった。

増築以前のタルンの家スケッチ（著者）

そこで早速、既存建物と同じ高さと外装材料を使って壁面と屋根を延長し、小屋掛けの建蔽面積を使った図面を提出したのだが、何とそれも却下された。どうしてか。「景観保存の観点から古い既存建物を尊重し、増築部分の屋根は少し低くしかつ既存建物と接する平面の幅も少し狭めよ」、と言うのである。たしかに地域の民家を観察するとそのような例が多いので、そのほうが自然だと思い、指示通りに修正しやっと計画許可が下りたというわけである。

このように地域の原風景的景観要素の保存や活用方法について、細かい建築デザイン上の指示までを計画専門官から受けたわけである。驚いたことにこの文書の指示内容は、そのまま法律的効力をもつというのが計画許可制度なのだった。

そこでもし計画専門官の決定に不服があれば、民主主義的イギリス市民社会の当然のルールとして、市会議員で構成され計画専門官が陪席する、市の計画委員会に不服申し立てができると言う。しかし、計画委員会はよほどの理由がない限り九割以上の確率で計画官の決定を支持するのが通例だ、とは地元の友人たちの言であった。

## 〝住みよさの秩序〟を担保する「計画許可制度」

つまり〝住みよさの秩序〟とも言うべきものを公共福利の立場に立って担保する役割をもっているのが「計画許可制度」なのである。その作業は、どのような建物をどこに建てるかについて、敷地そのものの性状と周辺の自然環境、歴史・文化、社会的環境、交通事情、それらを含めた景観等の文脈の中で位置づけることから始まる。その上で地域の不文律や前例、市民社会の公共的福利の原理に基づいてつくられたガイドラインと先例を精査した上で、都市計画専門家が包括的に評価して判断を下す制度である。定量的側面は、むしろ第二義的な意義をもっているとさえ言ってもよいのである。

この事例から見えるのは、まず既存の建物固有の風土的合理性を体現すると見なされる既往の権利の中でつくることを優先させる方針である。それに合致するなら計画許可は下りやすいのだ。ちなみに既存の建物を壊す場合にも許可が必要である。風土の文脈に変化をもたらすからである。このために計画許可制度そのものが風土の記憶の手がかりとなる原風景の保全、原風景要素としての歴史的建造物保存の基礎的役割を果たしていると言ってよい。

二〇〇八年から、ＪＩＡ日本建築家協会が出江寛会長の下で発足した「美しい建築推進特別委員会」(委員長・長島孝一)以来、研究検討しているイギリスのＣＡＢＥ(Commission for Architecture and the Built Environment＝建築・まちづくり助言支援機構)は、選抜された優れた専門家集団が、豊富でかつ紐の付かない政府資金で、自治体、民間、市民グループの建築・まちづくり活動に第三者的な立場で助言や支援を行うシステムである。これは住みよさの原理を担保する「計画許可制度Planning Permission」を補完するために二〇世紀末に導入された仕組みである。

近い将来このような仕組みが日本で実現すれば、個々の建築家や都市計画家を信用できない、あるいは信用しない傾向のある日本社会でも、信用ある第三者機関として地域の市民社会に認知され貢献できる可能性が出てくるのではあるまいか。このシステムがあったなら、現今の新国立競技場のようなスキャンダルを避けることができたに違いないと思うのである。

デザインレヴューのパネル展示

## マチをこわす〝まちづくり〟からの脱却

住民が全く予想できない開発が、逗子の丘陵部と市街地の随所で間歇的に頻発するようになって久しい。その度に付近住民はやむなく反対運動に立ち上がるのだが、これは住民に莫大なエネルギー投与を課すことになる。開発の情報が住民の耳に届くときはすでに手続きが既成事実化しており、反対運動の成果の上がるケースは極端に少ない。

言ってみればこれは〝モグラたたきゲーム〟と同じで、モグラ（開発）が頭を出すときには振り下ろす槌（住民の反対運動）が間に合わないのが常で、この絶望的な戦い〝モグラたたきゲーム〟に住民は疲れている。玄人の歴戦の開発業者に対抗するのに頼れる法的・行政的な手段が希薄で、しかもそのノウハウでさえ住民側になく、素人がゼロから始めるゲリラ的反対運動だけが残された途だからである。行政も絶え間ない人事異動でまちづくりの専門性の蓄積がないので、言わば当事者能力に欠けていると言ってもよいのである。

どうしてこんな不当なことが続くのか。地域の住環境を住民の立場で考える戦略的な都市計画と都市計画行政が不在であること、行政に専門性が不足していることに原因がある。極めて大雑把で実際の住環境に対する親身で繊細な配慮の欠けた、定量的・機械的数値制御が優越し、包括的な定性的判断を裁量的に行えない硬直した都市計画運用制度の結果、合法なれども不当な開発が放置されてきたのである。

「計画なくして開発なし」、この近代的都市計画上の金言が日本では通用せず、計画なくして開発が進む状態が放置されてきた。拙速でつくられ、住む価値としてよりも売買される価値として不動産を扱う経済優先の都市計画・土地利用計画が法定のものとしてまかり通り、住民にとって〝合法なれども不当〟な状況が蔓延しているのだ。
まちづくりの〝ハレ〟の部分として、埋立地や丘陵部の造成で新都市や新興住宅地がつくられたときは、それなりに妥当なイメージと設計計画手法が適用されている場合もある。しかし〝ケ〟の部分である既成市街地のマチの住環境に至ってはヴィジョンや実施計画が行政にも住民の心にもなかったと言ってよい。

行政が怠慢ならば一方の住民はまちづくりに無関心であった。たまたま自分のすぐ隣りに開発が起こるまでは地域の住環境の将来に興味なく、環境は誰かが何とかしてくれると楽観してきたのではなかったろうか。根本的には、おそらく国民全体が取り込まれてしまった経済発展・不動産業優先の〝くにづくり・まちづくり〟の精神構造、心の習慣が浸透していて、住民が〝住む〟ということについて本当の意味で真剣に考え行動してこなかったことが指摘されなければならないだろう。

さらに、ただここに「住んでござる」という〝住民〟、本気で住むことに実は無関心で直接自分の利害に関わる権利だけを主張する〝住民〟がいる。そこから一歩足を踏み出して自分のマチを愛し、そのつくられ方に責任をもって参加し、その果実を歓び分かち合う、まずそれがあって、その裏腹として権利を主張する、そういう〝市民〟に脱皮していない場合が多いことを反省すべきだろう。逗子の住民は池子の森を守る運動の結果、多少なりともそのような心の習慣を獲得しているかもしれない。逗子の〝まちづくり〟が希望をおいているのはそのところである。

密集する木賃アパート地区（東京都中野区本町周辺）

## まちづくり条例

富野・沢革新市政の後、開発容認派市長の市政運営を見てきた心ある市民は、自治体の首長の価値観や姿勢でたやすく変わるまちづくり政策の基本や、「開発指導要綱」の危うさをはっきりと意識し始めた。そこで市民は行政の長の恣意だけでなく、市民を代表する議会の承認を必要とする〝条例〟を重視して「まちづくり条例」の制定を考えるようになった。

## 「開発指導要綱」から「まちづくり条例」へ

自治体行政も全く手をこまねいて〝マチこわし〟を眺めていたわけではない。逗子市も遅蒔きながら一九九二年、地域住民の発案と要請によって一部の住居地域で最高高さを一〇メートルまでとする「開発指導要綱」を制定した。指導要綱の内容は裁判になれば法的には違法となる可能性のあるもの、言い換えれば〝正当なれども違法〟の可能性のあるものが含まれていたが、それなりに〝マチこわし〟には抑止力を発揮してきた。しかし要綱は要綱であって、〝おねがい〟行政の手段である。

ちなみに要綱は自治体行政の首長の専決事項である。はたして一九九六年、開発肯定型の首長に交代して直後、高さ制限が一五メートルに引き上げられる場所が出てきた。それだけに止まらず、合理的な環境評価手法を組み入れ、国の評価も高かった「逗子市の良好な都市環境をつくる条例」の運用もゆるめられた。その結果、市街地と第一種住専のかかった緑の丘陵地の開発をはじめとして、二年の間に一一〇〇戸を超えるミニ開発やマンション建設の確認申請が、指導要綱の緩和と「行政手続き法」の援護の下に通過し、大々的にマンション開発が進んでしまった。

「要綱」とはかくも儚いものなのか、首長の姿勢によってこうも行政内容が変化するものなのか、唖然とした市民は多かったはずである。私が危機感に駆られて一九九九年暮れの市長選挙に出馬した所以の一つもそこにある。

選挙によって開発容認型の市長が更迭されて、住民の本来の意思が開発容認姿勢を認めなかったことが明らかにされた。新しい首長（長島一由氏）になって一年半ほどを経てから「まちづくり条例」が市民の強い要望によって市民主導で策定される仕組みがつくられ、二〇〇〇年六月発足した。まちづくり条例策定に向けての市民参画・市民参加の方式が、逗子市民が長年なめてきた辛酸と、それにめげずに持続した市民的行動と実践が実りオーソライズされたのである。市民は今、自分たちの力を惜しみなく出して事態を変えようと動き出した。「まちづくり条例市民検討協議会」の設立がそれである。

「条例」は首長を頭とする理事者・行政府の意志だけでできるものでなく、立法府としての議会の議決を得なければ成り立たない。それだけ要綱に比べて法的な力が強いのである。市民がまちこわしにストップをかけるために条例に寄せる期待は大きかった。検討協議会の構成は、市民一二名（一般公募四人、逗子まちづくり研究会などの市民団体の代表者八人）、小林重敬横浜国大教授、内海麻利講師、計画技術研究所の佐谷和江の三氏を学識経験者、事務局を逗子市都市計画課とし、小林教授を会長、長島孝一を副会長として発足した。条例の骨格・素案作成の段階から市民参画で行う考え方である。

二〇〇〇年六月に第一回の協議会が開かれ、二〇〇一年八月に至るまでに一五回の協議会と一六回の作業部会が開かれ、まちづくり条例先進都市の二回の訪問ヒアリング、一回のアンケート、三回の市民説明会がもたれた。委員にとっては一四ヶ月の間に三六回の会合があったことになる。おそらくそれまでの市の協議会の中で、最も密度の高い市民参画であったろう。

## 「逗子まちづくり市民協議会」

市民委員の中にはかなりの実務・専門性をもった人が五人いた。元大手不動産業で開発側の立場にあり、定年後の今開発される側に逆転した人、逗子の新興住宅地の地区計画のリーダー、新興住宅地の宅地分割訴訟のリーダー、それに私を含め建築家が三人を占めていた。専門家委員三人を含めると、協議会委員一五人のうち過半数の八人がまちづくり専門分野に関係していることになる。当然、都市計画課をはじめとして行政官は一定の専門性をもった人たちであり、その意味で一般市民は少数派である。

この構成のメリットとしては、条例の役割を開発抑制という緊急で直接の機能とした場合、開発業者の何たるかその裏表を熟知している人が複数いることは、条例内容をつくるに当たって牽引車となり、いわゆる学者にはあまりない実務的な知恵を提供できることである。しかし一方ディメリットとしては、実務的専門性の故に規制とかコントロールに考えが限定され、マチをつくっていくという積極的な部分には目が向きにくいということである。また素人の市民にとっては話が都市計画技術的に専門的になり過ぎてついていけず、発言を遠慮してしまうということだ。

本来まちづくりは、日常的生活の実感の中から生まれ、市民的・常識的な立場で発想をすることに大きな意味があるのに、それをなかなか言い出せない雰囲気になりやすい、ということもある。市民はいち早くそれに気がついた。そこで市民からユニークな意見が出た。協議会を有効に運営していくためには、市民委員各自のまちづくりの知見を自主的にレベルアップする必要がある。また月一回程度の協議会では不十分だと言う意見が市民から出て、市民有志による「まちづくり勉強会」が始まった。これは後に市民委員五人を中核とした作業部会に発展し、ほぼ協議会と同じ回数開催されたのである。

協議会への市民メンバーの参画は極めて熱心で、メンバーでない一般市民も文書で意見を出せば協議会で検討された。作業部会では時間があれば傍聴者も発言を許された。しかし実際には、それでも直接に市民参画・参加する市民の数は一〇〇人に満たないだろう。それを補完するためには市の広報誌と掲示板で周知される市民説明会があり、また市民懇談会ではワークショップを通じて質問や意見を出すことができる仕組みがあり、情報公開コーナーやインターネットで協議会の議事を読むこともできる。もちろんこれでも十分とは言えない。これからの課題であろう。

第一回（六月）の協議会のミッションは「まちづくり条例」の骨格を具体的に合意することだ。また行政側より課題一〇項目を明確化した試案が出され、これに対し市民側は最も問題なのは合法の名による乱開発だとする認識を示した。

「まちづくり条例」の方向性については、中央官庁主導の縦割りの行政システムを地域社会の多様性を尊重する住民主導の個性的で総合的な行政システムに変えること、都市計画制度を地方分権に対応した制度とするための実現手段として条例に委ねること、先進事例の紹介、住民の意向を反映させるツールについて内海さんが話された。「地区まちづくり」について計画技術研究所の佐谷さんから、主として世田谷区の事例を紹介しながら説明があった。

逗子市の開発の現状については、逗子市環境問題懇談会を代表する市民委員から、ここ数年間の詳しい報告があった。一九九六年以降四年間の平井義男市政の間に、敷地規模五〇〇平方メートル以上の斜面緑地を含んだ宅地造成と、マンション建設の開発許可を得た戸数は一一〇〇戸に上るということにショッキングな内容であった。[3]

## 「逗子市まちづくり条例」の成立

依然として頻発する〝マチこわし〟を横目で見ながら気持ちの焦る一年半の道のりだったが、二〇〇五年九月、市民協議会による「まちづくり条例素案」が生まれた。その先のハードルとして県や法務局の指導を受けて市の行政案とする手続きがあり、次にそれを議会で認められるための手続きがある。市民協議会は正式には解散する。しかしどこまで素案が護られるかを見極めたいとして、ただちに市民委員ＯＢをメンバーとする会をつくり、適宜市の報告を聞き、場合によって要望を続けることとする。

はたして一一月、市議会は一部の開発許容型の議員の反対と不勉強故の的外れな批判によって条例案を継続審議として棚上げした。納まらないのはわれわれ市民委員である。行政当局も頼りにならないとばかり、一二月末全戸にビラ配布してこの事情を全市民に知らせるだけでなく、議員各会派に個別会談を申し入れ説得に励んだ。また一月には二〇〇人の市民集会を開き議員有志とも対話し、その内容を地域紙『逗子葉山長柄新聞』に発表するなど市民への周知に努めた。まさに市（獅）子奮迅の働きである。

結果、二月の市議会で行政案から大きな変更なしに可決された。その後の三月の市会議員選挙では条例に消極的な議員は大方落選、若い新人と女性議員の大幅な増加を見た。市民はよく見て判断を下したのだ。あらためて六万人程度のマチは総身に知恵が回りやすく、草の根市民主義には適当な人口サイズだと認識したのである。

条例の特徴は大きく二つある。その一つは〝マチこわし〟にストップをかけること、その二は市民参加によって積極的〝まちづくり〟の可能性を開いたことである。一つ目の手法としては開発の基準と手続きを明確にし、透明度を高めたこと。開発の構想時点から事業者は計画概要を住民に告示することを義務づけるなど、住民にとって〝寝耳に水〟の開発がされないようにしたこと。

開発許可対象となる土地面積を従来の五〇〇～三〇〇〇平方メートルと小さくし、また最小宅地規模を定めた。従来の「逗子市の良好な都市環境を作る条例」はどちらかと言えば自然環境の破壊を対象としたが、今回の条例は「つくる条例」の規制力を補完するとともに市街地の開発を含めて規制するものとなった。

開発行為の妥当性を判断するのに「まちづくり条例」では議会の審議と賛否意見の表明を求めている。住民投票は採用されなかったが、開発計画が公の議会の場で審議され判断されることは、議員の姿勢が市民の目に明らかになり、判断の正当性と法的権威が高まることになる。これは大きい。他に懲役を含む罰則があり、開発に対する厳しい姿勢が明らかにされた。

地区まちづくり計画二つ目は、住民の自主的な参画・参加を前提として住民が「地区まちづくり協議会」をつくれば、三〇〇〇平方メートル以上の地域にきめの細かいまちづくり計画ができ、行政が住民を支援する仕組みを定めたことである。住民の過半数の同意を得れば「地区まちづくり計画」が成立し、市のまちづくりの根幹をなす「まちづくり基本計画」に反映される。さらに八割以上（この比率は大きすぎて現実的ではない、将来改訂すべきだと思うが）の同意で「まちづくり協定」ができることとなり、都市計画法の地区計画に近似する道が開かれたことである。

市全体に関わるテーマ、たとえば景観、交通などは「テーマ型まちづくり計画」として、住民の五〇分の一の賛同で「まちづくり基本計画」に提案することができる。しかし時間的な制約から市民協議会で審議しきれず、後の検討に委ねたことは多い。たとえば逗子の原風景をなす低層のマチの景観保全に大きく関係する高さ規制は、旧開発指導要綱がそのまま条例化されたのみなので、「地区まちづくり計画」ができるまで当分は低層の住宅地を破壊するマンション問題は解決しないだろう。

八割以上の同意でその他土地利用のダウンゾーニング、景観や斜面開発に関するルールづくり、周辺の山の緑を後世に残す仕組み、バリアフリーへの取組みなどが残された。八割以上の同意は大きすぎて現実的ではない、将来改訂すべきだと思う。また、条例の市議会上程の過程で、国、県、市の部局との検討の結果市民案が変更を受けたが、市民委員OBが特に問題とするのは「まちづくり審議会」が市長に〝建議する〟機能がないこと、条例の適用範囲から工作物を除外したこと、開発の一連性につき要求する時間間隔を一年に短縮したことなどがある。

条例の有効な機能発揮には、まず市民の自発性・内発性をいかに動機づけ醸成するか、市民が自主的に行動する意欲があるかがかかっている。開発者の食い逃げ的〝マチこわし〟の発生に対応する受動的行動に止まらず、〝まちづくり〟を日常的・市民的な課題としてとらえ、積極的に自らのマチの未来をつくる気概が必要だ。次に行政が、前向きなまちづくりに意欲をもち、開発の規制という必要条件的対応レベルから市民のまちづくり活動に積極的に参加し、支援し共働する気概をもつこともまた求められている。

## その他のまちづくり活動

逗子市環境会議（エコリーダーズ会議）は、逗子市環境基本計画および行動等指針（逗子市ローカルアジェンダ21）の推進のため、「環境の保全及び創造に向けた様々な取り組みを実践するために、市民・事業者が主体となり自主的に取組む組織」として二〇〇一年三月に市行政の組織として発足した。現在、会員は約八〇人で「まちなみと緑の創造部会」「ごみ問題部会」「二酸化炭素削減部会」の三つのテーマに分かれた部会で活動を行っている。活動は各部会月一回程度の定例会の他、ワークショップ、環境月間や市民まつりでの展示や各種のイベントを行っている。また年二回『かんきょうかいぎニュース』を発行し、市民に活動状況を知らせている。

逗子海岸に至る道は何本もあるが、メインの道は誰もが知る海岸中央道路、別名東郷通りだ。鎌倉で言えば、市街地の中央を海に向かって走る〝若宮大路〟の位置に相当する中心軸である。逗子市商工会が行ったＴＭＯ事業提案では、中心市街地の活性化のための再開発エリアに加えて逗子海岸の浜辺とそれに沿ったすべての街区を対象区域にした。このシンボルロードで中心市街地と海辺を結び、全国に展開するＴＭＯの中でも例を見ない一

国道一三四号線を含む中心市街地ＴＭＯ

シンボルロード（海岸中央道路）

体化した事業にしようと計画されていたが、成立しなかった。

この構想にしたがって、新宿地区、逗子地区を貫く中心街路を〝シンボルロード〟と位置づけ、新宿地区計画をリードした山路道夫氏が座長、長島が副座長を務めた。舗装と電柱の位置の付け替えという小手先の整備に終わったが、沿道住民によるワークショップが行われたことは評価したい。将来に残された都市デザイン的課題は、電柱の地中化、狭い道の両脇のセットバックによる壁面後退、宅地内に高木を奨励することによる実質的な緑道化などであろう。

## 「まちづくり基本計画」──市民がつくる将来像

「まちづくり基本計画」[4]に先行して「グランドデザイン」「日米首都圏計画会議の逗子ケーススタディー」が沢市長時代につくられていたが、その後の市政では無視され棚上げされてきた。グランドデザイン研究会は、その目標年次五〇年という遠大な構想を市民、専門家、行政の三者が協働してつくる極めてユニークなものだった。その内容は日本をリードする役割を果たしていたであろうことは、日米大都市圏計画会議の逗子ケーススタディーの中で米国側専門家から言及されている。しかし、その後国交省の示唆によって三〇年スパンで構想する「都市マスタープラン」を市民参加の手法を含めてつくるという指示が出たので、遅蒔きながらそれに従って行政的に「まちづくり基本計画」の検討が俎上に乗せられた。

「グランドデザイン」と「日米大都市圏計画会議の逗子ケーススタディー」の成果を、まちづくり基本計画の市民参画活動に生かすことは行政の継続性を担保することとも考えられる。しかし市民を二分した池子運動の後遺症が完全に癒されていない状態がいまだあると感じていたし、行政と専門家集団でリードするよりも市民が主体となって一から計画をつくる初めての試みに挑戦するのも一つの選択として素晴らしいと感じていたので、あえてこの二つの先行事例を参考にしたり下敷きにすることを示唆するのを控えた。今にしてこれがよかったかどうか必ずしも自信がないのだが。むしろ新しくポスト池子の市民主導のプロセスに一市民として参画することに賭けたのである。

## 「まちづくり基本計画」への市民参加

二〇〇三年、まちづくり基本計画をつくるに当たって、市民参加参画を目指して委員の一般公募を行ったところ、中学三年生から八三歳の市民を含めて一三〇人が手を挙げた。嬉しい悲鳴だが、このように多数の市民を一堂に集めたワークショップは現実的に不可能と思われたので、どのような方法で市民参加参画のワークショップを進めるかを考える準備研究会をつくることになり、二〇人の市民が手を挙げた。準備研究会は約三ヶ月間、市民、行政、専門家の役割分担を検討し、五つのテーマ別分科会（自然、景観、交通、文化、ふれあい）に分けて各々が分科会に属することとした。ただし複数の分科会に属することも許された。

「まちづくり基本計画市民会議」（二〇〇三〜〇七）は、会長を若い建築構造設計家の塩手博道氏が引き受け、二年半にわたって合計三〇〇回以上の会議（全体会議、運営会議、

市役所ロビーでの基本計画中間報告発表会

分科会、部会）を重ね、延べ五〇〇〇人、時間総計一万五〇〇〇人／時間をかけて調査、学習と検討の結果「まちづくり基本計画案」を見事達成した。

この市民会議初期に私から出した「市民と行政・専門家との〝役割分担〟から〝共働コラボレーション〟への意見」[5]について、実際ほぼそのように実施されたのは望外であった。

## まちづくり基本計画を見守る市民の自主活動

「ほととぎす隊」の誕生と推進会議：逗子だけではないが、とにかく自治体の従来の長期行政計画は条文ができてしまえばそれで終わりで、市長や担当が替わればあとは棚に積んであまり顧みない通弊があるらしい。折角数年もかけて市民と行政の協働でつくった計画なのだからそれをツンドク（積んでおいて読まない）するのではなく、実施するために軌道に乗せるよう見守り発言していかなければならない。基本計画策定に参画した市民たちが連帯して伴走しよう。そのような主旨で市民有志の「ほととぎす隊」が誕生した。

当初、市民は「まちづくり見守り隊」という呼称を考えたが、逗子を有名にした文豪徳富盧花の小説標題『不如帰』にあやかったやや詩的な表現となった。「旧弊に帰らざるが如し」、という含蓄だろうか。まちづくり基本計画策定作業でつくられたサブグループのカテゴリーに従った部会をつくり、それぞれが独自に活動し、月一で理事会、それに引き続いて定例会をもって活動を続けている。また年に二回市が行う推進会議（市長司会の下に全部長出席）の中で進捗状態のチェック、意見具申をする仕組みづくりが市との間で合意をみた。

二〇一三年現在、市行政の新しい動きは、審議会方式で総合計画をつくり、その中に「まちづくり基本計画」を吸収し、推進会議の参加市民団体を増やす方向で議論されている。[6] ほととぎす隊としては、基本計画に参画した市民の熱意と内容が「新総合計画」の中で希釈されることを怖れており、これからの課題となりそうだ。おそらく推進会議が新総合計画市民推進会議に拡大解消するだろうが、代替案としてほととぎす隊の部会のもっていたようなテーマ別部会に別れて、市民、行政、学識経験の三者によるまちづくり懇話会に市長が臨席するかたちでより密接な議論がされ、年一度程度の合同推進会議で各部会間を調整し、全体像の把握と推進に資する型に展開するのが望ましい方向かもしれないと思う。

ほととぎす隊の部会活動は以下の通り。

・自然部会／〝命の森〟と〝自然回廊〟の実施活動。
・交通部会／歩行者と自転車のまち、イベント。
・景観部会／景観コードづくり、『まちなみデザイン逗子』発刊。
・ふれあい部会／ふれあいコミュニティーに向けての検討。
・文化部会／実質的にＮＰＯ逗子文化の会に発展して幅広く活動。

派生した活動として、国道一三四号線のプロムナード化へ向けて提案作成、亀岡八幡宮で年二回のコミュニティーパーク開催、ＮＰＯまちなかアカデミー設立がある。

**文化を育てるＮＰＯ逗子文化の会の活動**：ほととぎす隊の文化部会が核となって発生し、より広く市民の参加を得て活動し、ＮＰＯの資格を取得している。そのメリットによって初期三年間文化庁の助成があり、田中尚武、及川洋一氏などが中核となって多くの活動が活性化された。

**芦花公園施設の改善**：かつての企業宿泊施設・第一休憩所の伝統和風的しつらえを地元の職人の技の実演を兼ねた改修復作業を市民、子供の参加・見学を含めて実施し、職人とその職能に対する認識を深め、職人と市民とが仕事を通じて連携し地産地消につなげる試みである。たたみ、襖、障子の張り替え、濡れ縁づくり、照明、植栽の手入れの実施。これら職人仕事の実際を市民ワークショップで体験する。

**逗子カルチャーフォーラム**：地元の〃埋蔵文化人〃の発掘をも一つの目的とし二〇一三年度までに六〇回の開催を達成し、今後も継続する予定である。

**湘南邸園文化祭参加**：当初、神奈川県の示唆で開始され三年の補助時代を経て二〇一五年第一〇回を迎える。逗子文化の会では旧藤瀬・脇村邸を含めて「逗子文学散歩」、長島孝一邸を活用して「文化財住宅で聴く平家物語」を、湘南邸園文化祭イベントとして参加してきた。

第一休憩所ぬれ縁づくりのワークショップ

職人との障子貼りのワークショップ

◆参考

［1］「新国立競技場」問題を契機とし、建築・まちづくり制度の改新を考える：

第三者専門家集団の欠如による新国立競技場設計案の問題は、日本の建築・まちづくりの仕組みを根本から正すよい機会を与えたと思う。

ザハ・ハディド氏案は経済性や事後の利用で問題視されているが、本来それは設計者に与えた企画・プログラムの欠陥であり、その背後には日本特有の公共建築、土木などの企画・プログラム、デザイン、建設、運営についての一般問題がある。不適当な設計案とされたコンペの原因は何か。それは建築家・都市計画家など専門家による公正な第三者機構がなかったからである。

そもそも日本には近代的市民社会に不可欠な公正な民主的判断の仕組み、中立的な専門家集団による第三者機関の裁定が存在しない（原発問題にも言える）。その中で、今回も「国立競技場将来構想有識者会議」のメンバーとしては建築専門家は安藤忠雄氏ただ一人で、大部分は言わば受益者であるスポーツ団体関係者が占めていた。すなわち、本来的に公正な第三者機能を果たし得ない機関が取り仕切った。これがまず大きな問題である。次に、地域の歴史、景観、生態系、住民、経済活動などは、数値だけで判断できない問題である。にもかかわらず現行では、建築・都市計画の公平性は容積率・建蔽率、高さなど、数値によって担保されるとする考えの下に法制化され、地域の環境を定性的側面を含め総合的に判断する仕組みがない。

神宮外苑に新国立競技場をつくる場合、施設の規模や建設費の妥当性、オリンピック後の維持管理・活用の方策、東京の原風景的存在としての文化・景観価値、生態系、付近住人への影響などについて、その道の第三者専門家集団が総合的な判断を下すべきなのに、その仕組みがなかった。つまり市民社会の価値観を総合的、正当に反映する民主的第三者機関がなかったのである。そこで参考として、ロンドンオリンピック施設整備に有効だったＣＡＢＥ（Commission for Architecture and the Build Environment）を紹介しよう。

ＣＡＢＥは一九九九年、国が創設し（金は出すが口は出さない）、建築、造園、都市計画、法律、社会、都市経営など高度の専門家からなる建築・まちづくり支援機構である。オリンピックに際し、当初からＯＤＡ（Olympic Delivery Authority：オリンピック施設調達庁）が設立され、施設や交通インフラ、造園などの企画・計画や、コンペの支援、オリンピック後の施設の取扱い、庁内人材の教育訓練などを一元的に統括し実施した。これら幅広い分野についてＣＡＢＥからの助言と支援が提供された。オリンピックの成功についてはＯＤＡを通じＣＡＢＥが果たした役割が高く評価されている。

［2］日本版「建築・まちづくり支援機構」CABEの立ち上げ提案：
そこで、日本版「建築・まちづくり支援機構CABEの立ち上げを提案してみたい。まず現行の建築・まちづくりの法制度は、戦災復興、高度経済成長期を経て、一定の成熟を遂げた日本社会にそぐわなくなっていることを認識すべきである。抜本的構造改革が必要なのだが、その戦略的な突破口として日本版CABEを考えてもよいであろう。
新しい建築・まちづくりシステムに向けたプログラム：
①短期的取組み：新国立競技場を含めたすべてのオリンピック施設の「企画・プログラム」を再検討する。その手段として日本版CABEを開発し、施設の実現に適用し優れた施設実現への道筋をつける。
②中期的取組み：この成果を踏まえ、公共施設全体に日本版CABEの適用を推進し、優れた建築・まちづくりの社会的価値、効用を広く国民が認知できる状況をつくる。
③長期的取組み課題：建築、町並み景観、生態環境、歴史文化など総合的な住みよさの秩序を法制的に担保する仕組みをつくる。
そのために、有能で第三者的立場の専門家（集団）に、プロとしての裁量的判断を仰ぎ、民主的最終判断は自治体の計画委員会に委ねる「計画許可制度」をつくる必要がある。その拠り所として「建築・まちづくり基本法」を制定する。また、それと平行して、地域ごとの多様な風土や景観、経済・社会、歴史などの特性を反映して基本法を具体的に展開し、計画許可制度の運営に具体的根拠を与える「建築・まちづくりガイドライン」をつくる。

そのような文脈ができた上で、さらに〝美しさ〟という価値観を加える仕組みとして日本版「建築・まちづくり支援機構」CABEの位置づけを再確認する。建築や町並みの美しさや楽しさが地域の中で豊かになることは、自分のマチを愛する市民意識を高め、市民意識はよりよい都市環境をつくる行動を触発する。そのような良循環が軌道に乗ることをCABEの戦略的成果として望みたいと思う。

［3］作業部会の働き：

第五回（一〇月）：作業部会の設置と運営に関する要項が決まる。九月末までに骨子骨格について結論を出し、二〇〇一年一二月の議会で成立させることを目標とすること、およびその間に条例案が未完成のうちに市民の意見を入れ合意形成を計る仕組みをつくる合意ができ、その作業部会がもたれた。

第六回（一二月）：行政内に置かれた事務局が作業を整理して条例の骨組みとなる項目、細目におとした「検討シート」が提出された。それについて既成市街地のまちづくりの取り扱い、景観構造をつくる問題、グランドデザインの視点の導入などについてコメントがあり、また条例は市民にわかりやすいコンパクトなものであるべきという議論があった。

第七回（一二月）：逗子市の開発の現状について詳しい報告。アンケート案に対する市民修正案について議論した。一月中に二回の作業部会がもたれた。

第八回（二月）：分権時代の市民の手によるまちづくりの課題を、
①市民の自立によるまちづくりの仕組み
②市民の意向を行政システムに反映させる仕組み
③市民の意向を実現する仕組み
の三つに分節して整理する。
・真鶴市訪問ヒアリング、秦野市訪問ヒアリング
第九回（四月）：専門委員ではなく市民委員が交代で司会。作業部会も八回を経て、議論の内容も濃くなってきて司会者が必要になり、専門委員ではなく市民委員が交代で司会を務め協議会でのレポーターになった。ますます市民色が強くなったと言える。既往の「つくる条例」では建築物、景観などが対象にないことが指摘された。開発の是非の最終採決は住民投票によるという考えに議論があった。また全員一致している開発規制の重要性はわかるが、このまちをどのようなマチにするかのグランドデザイン的議論が全くなされていないことが指摘される。（後の「まちづくり基本計画」への布石）
アンケート結果検討、市民が開発を厳しく規制したいとしていることを確認。
・第一回市民説明会：経過説明とワークショップによる市民意見の集約。
第一〇回（五月）：法政大学五十嵐教授の講演。違法・合法の概念と正当・不当の概念があること、正当を合法に直し不当を違法としていく努力を続ける必要性。規制の論理だけではなく、よいものをつくる論理の必要性、建築基準法や都市計画法などの法制で単にコントロールするだけでは〝まちづくり〟はできないこと。条例、マスタープラン、事業が有機的にリンクされて都市計画ができること、デュープロセスを経て美という価値感を進めることはファシズムではないこと、条例制定過程に議会を取り込むことで議会も変えていくこと、最終判断は住民投票。条例の制定には、地方自治、自治事務の観点からして市は県や国と調整する必要はない。

第一一回（六月）：上智大学北村喜宣教授の講話。開発の規制の中で高さ規制が最も必要とされる中で、全市的に敷衍した規制とし、全市民が合意する形式をとれば財産権の制約も可能。高さ制限をかける際、現行法のメニューが

使えないことの証明が必要である。高さ制限を義務規定とし、勧告・公表とし、命令・刑罰としなければ合法である。

第一二回（六月）：市民説明会、経過説明とワークショップによる市民意見の集約。

第一三回（七月）：条例の枠組検討。条例の構成は「まちづくり基本計画」「地区まちづくり計画と協定」「開発手続きと基準」「実効性の仕組み」。

第一四回（七月）：事務局がまとめた「まちづくり条例骨子・骨格案」について検討、各委員が自分の意見をまとめて事務局に出すこととなる。

第一五回（八月）：まちづくり条例骨格案について集約した意見を報告検討。まちづくり条例市民懇談会（八月）、まちづくり条例骨子骨格案についての説明と意見集約。

［4］逗子市まちづくり基本計画：逗子市まちづくり条例に基づいて策定され、計画的なまちづくりの推進を目的とするまちづくり条例の基本原則に基づいた計画である。この計画は市長が定めるものだが、まちづくり基本計画の案の作成に当たって多くの市民の参加を得て素案を作成し、それを逗子市まちづくり審議会などの意見を聞いた上で、逗子市議会の議決を経て策定されたものである。またこの計画は、都市計画法に基づく新しい「市町村の都市計画に関する基本的方針」（都市計画マスタープラン）を包含するものとして位置付けられている。

まちづくり基本計画では逗子の「三〇年後のまちの姿」に焦点を当て、逗子の目指すべきまちづくりの方向性を明確に提示し、これを踏まえたテーマごとの目標と方針を提示している。この計画の全体の構成としては、第1章の「逗子のビジョン・まちづくりの理念」で、目指すべきまちづくりのビジョン・理念を示し、第2章の「私たちはこんなまちにしていく」では、ビジョン・理念を踏まえたテーマごとの目標、方針などを提示し、第3章の「まちづくり基本計画の実効性をあげるための仕組み」では、推進体制について述べられている。（市広報）

［5］「市民と行政・専門家との〝役割分担〟から〝共働コラボレーション〟への意見」：

・基本計画に対する認識：基本計画は、市民参画による「市民の生活感覚」「市民常識」を基本に据え市民、行政等多くの専門領域の知識・経験を交流し刺激し合うために、専門分野の垣根を取り払い、行政の縦割りを超えた共働作業の結果として生まれる「総合的」な産物です。基本計画は条例のように文言だけで成り立つのではなく、具体的な文章と図面から成り立つものです。

・市民主体の原則：あくまで市民が主体であり、最終決定は市民が下すという大前提の下で、行政・専門家の積極的参加を得ます。

・市民・行政・専門家の共働：市民と行政は、ワークショップなど一緒に額を寄せ合い議論しながら、地図や図面の上で手を動かす作業の場を通じて共働します。これにより市民と行政は、意識や知識を共有し、相互信頼を生むことができます。市民だけで素案をつくり、それを叩き台にして行政案を最終成果物とするのでは市民主体の計画策定とは言えず、活発な対話から生まれる創造的成果を得ることもできません。

・(仮) 基本計画策定市民委員会：計画を立案する作業集団です。単なるディスカッショングループや検討会ではなく、むしろワークショップを主とした基本計画立案のための能動的作業集団です。

・行政の体制は局際的、横断的なタスクフォースとする：市民組織に対応した行政・専門家側の組織は、今までのように単に各部門別の計画を並べた役所の縦割りに準拠したものであってはなりません。基本計画をつくるに当たって、行政の体制はハード面の都市計画、都市整備、環境、緑政、河川下水等の部局のみならず、ソフト面の市民、観光、福祉、教育等の部局、また基本計画に必要な多様な専門家を動員し、各関係部局を横断的に組織した作業チーム（タスクフォース）をつくります。また随時それぞれの場面に適当な専門家の参加を得て、ワークショップを通じて総合的に市民組織と対応する必要があります。

・行政および専門家は知恵やアイデアを積極的に提供する：行政および専門家は、本来高い意識をもった〝まちづくり〟のプロの集団のはずですから、単に市民組織の活動を総務的に支援する事務局を構成するものではなく、市民組織に対して積極的に、そのもてる情報、知識、経験と、それに基づく知恵やアイデアを提供する組織であるべきです。

・具体的な市民、行政、専門家の共働の方法：(仮) 基本計画策定市民委員会において検討し実施すべきことですが、とりあえずその叩き台の一部として、以下のような仕組みを提案してみました。

運営委員会（steering committee）：作業の舵取りをする役割をもつ。全体会の運営委員会が、全体と部会のコンセプトや作業の整合性を計りますが、部門別（テーマ別）、地域別の部会もそれぞれ選出した市民を座長とする運営委員会ないしは世話人会をもち、作業の舵取り・方向付けをする役割を果たすべきです。各部会の代表をもって全体会の運営委員会を構成します。

行政のメンバー・専門家は参与として参加する：全体会と部会それぞれの運営委員会には市民委員に専門家も加え、そのときの作業に関わる行政の各部局からそれぞれ一名程度出席し、決定権をもたない「参与」として参加し積極的に発言すべきです。

資料）二〇〇三・二・二〇第一九回まちづくり基本計画準備研究会検討資料作成委員、長島孝一

[6] わが国の〝審議会〟の問題：それは委員の人選方式に関わる規則がないことである。中立な事務局であるはず

の行政が恣意的に指名した人材が、審議会のメンバーとなるのが普通である。したがって公平な第三者性が担保されず、行政の目指す方向に審議が進められる可能性が高く、はじめからある程度結論が見えてしまうのが普通である。

市民社会の成熟度が高い先進国、たとえばイギリスでは、公的な審議会の基準が定められており、①委員は審議課題にふさわしい能力をもつこと、②選抜のプロセスを公開すること、③多様な意見が審議され公平に反映される委員構成であること、この三つが担保される仕組みとなっている。さらにそれに加えて、行政から独立したコミッショナーが第三者としてチェックするシステムとなっている。この第三者性介入の確保が民主的市民社会で大きな重要性をもつのである。CABEの意義も究極的には第三者性にあると言ってよい。

# 五

# 〝原風景〞を生かしたまちづくり

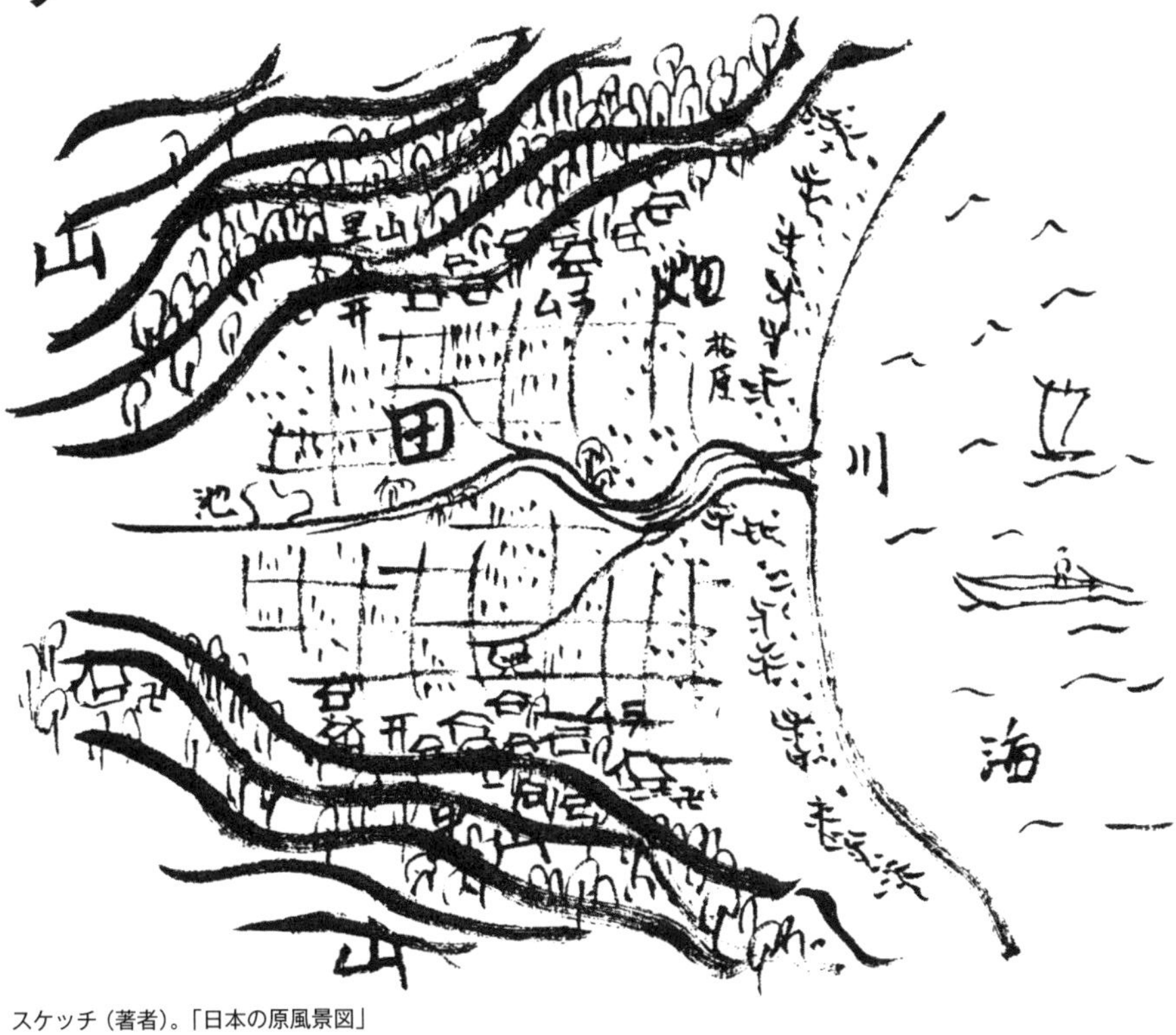


スケッチ（著者）。「日本の原風景図」

この五〇年間、おそらく平均すると隔年、妻の故郷の北ウェールズに数週間ずつ生活しているのだが、そのアングルシー郡のタルンTalwrn村の風景はその間ほとんど変化していないことに気づく。人口は二割くらい増え住宅も増えているが、自然環境の保全、建物のスタイル（カタ＝Form）、特に景観の多くの部分を占める住宅建築も既存型の継承発展型が主流なので、〝現〟風景がほぼそのまま〝原〟風景であると言ってもよい状態にある。過去からの風景の継承を含む〝住みよさの秩序〟を担保しているのが定性的、包括的、裁量性のある「計画許可制度Planning Permission」という建築・まちづくりのシステムであることはすでに触れた。

「風土の記憶」＝「原風景」が人びとの生活常識の中でも、制度的にも、しっかりと〝まちづくり〟の基底になっていると言えるのがヨーロッパ社会の通例である。むしろそうなっていないのは、いわゆる先進国の中で日本だけではないだろうか。

逗子では自然が損なわれ、人工環境＝マチがこの五〇年の間に激変し、記憶のよすがとなるべき様々な風景要素が損なわれ、人びとの記憶から原風景の多くが消えてしまい、どちらかと言うと景観の質としては劣化方向へ変化した部分が大きい。景観としては、むしろアングルシーのほうが、ある意味私にとって「ふるさと」という実感のある場になってきていることに近年来気づき、それに衝撃を受けているところである。

私にとって逗子が依然として「ふるさと」であり続ける側面は、主として「海、山の遠景」（「国破れて山河あり」というコンスタンシーconstancyの部分）と、「マチの人との関係性」の二つの要素に依存している。〝マチ〟そのものの景観はこのままでいけば、ふるさと要素としてはあまり当てにできないような気がしていて、それがある種の危機感をもたらし

アングルシー、モエバラ町のスケッチ（著者）

ている。やはりマチについて、「継承なき発展」という状態には空虚さ（過去の捨象）と不安感（未来への方向性が掴めないこと）がつきまとうのではないだろうか。

「風土」は〝時間軸を伴った自然〟と〝人工〟と〝人の営み〟の三つの要素が渾然一体と相互作用 interact する場であるとし、「原風景」はその記憶だとすると、原風景を継承し生かし発展させることが、人間にとって豊かなまちづくりの戦略として極めて大切なことに気づかざるを得ない。その意味でも「原風景を生かしたまちづくり」というテーマを、私自身として追求したいと思っている。

すでに前出の「逗子の原風景」で〝逗子らしさ〟を構成する風景・景観は何かを考えてきた。その中では、逗子の風土の記憶を体現している原風景と思われるものを列挙し描写した。そこで、ここでは少し別の角度から、日本人全体がこの一世紀ほどの間罹ってきた故郷喪失症候群を解消して、風土に根差しその地域らしさをもった故郷と呼べるまちづくりをするという視点から原風景を考え、それを根本においた〝まちづくり〟プロセスを構築する計画的な方法論を炙り出す試みをしてみたい。

## 風土と原風景と〝まちづくり〟

〝風土〟と〝市民〟と〝まちづくり〟をつなぐもの、その手がかりは原風景である。風土とは〝自然〟と〝人工環境〟と〝人の営み〟の三つが包括的な関係性をもつ〝場〟、すなわち文明と同義とさえ言ってもよいだろう。原風景は第一義的には〝風土という場の記憶〟

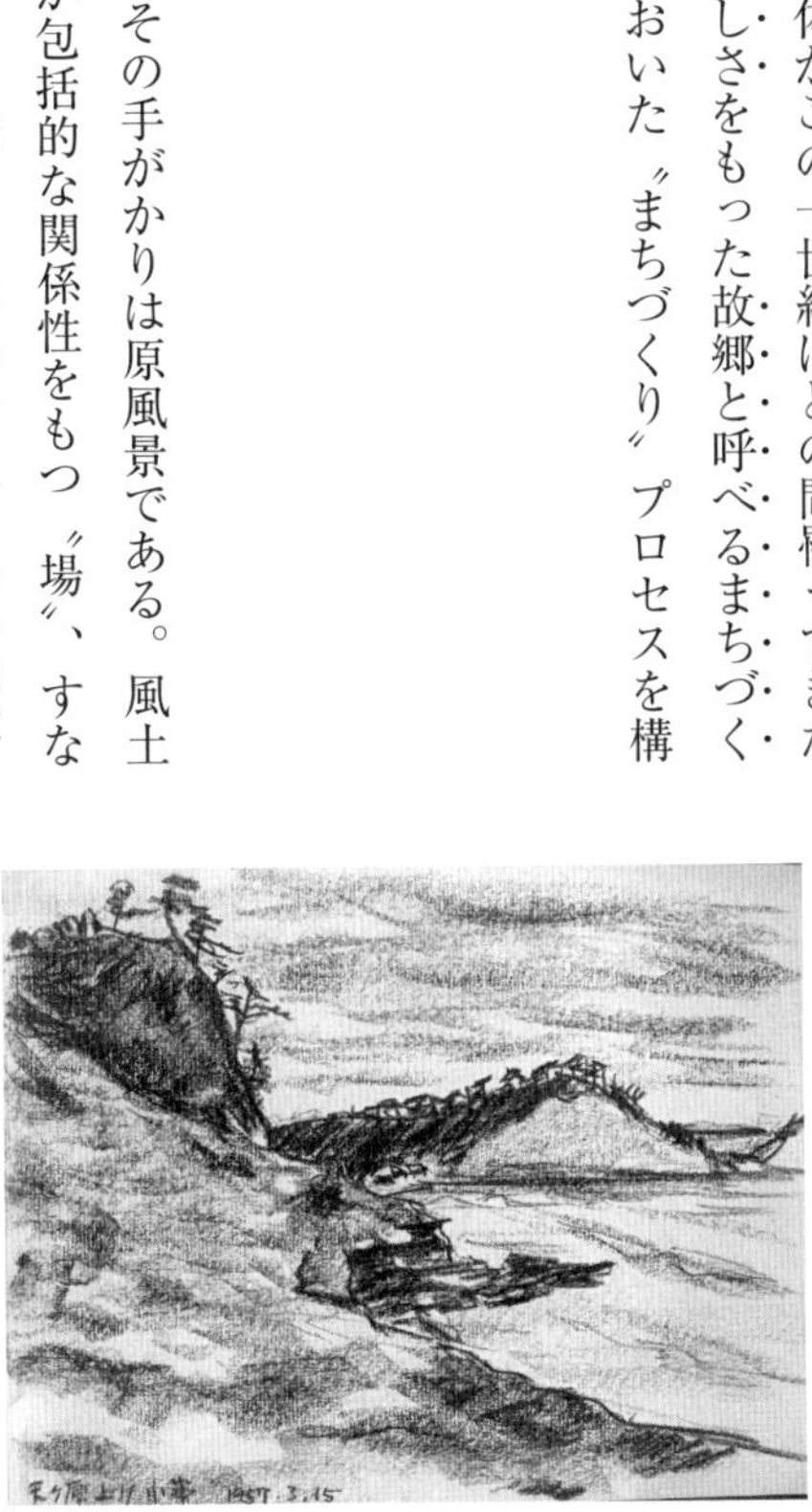

スケッチ（著者）、壱岐の島大串

だが、それと並行してその記憶を呼び覚ます手がかりとなる風景、「ああこの景色はこの地域の原風景なのだなあ！」などという感慨をもたらす風景、現実にそこに目に見える風景も原風景である。それは過去からの時の試練を経ながら継承されてきた〝風景の古典〟とも言えるものでもあり、過去からのメッセージでもある。人間の本性につながる〝懐かしさ〟を抱擁してくれる景観、それを含んで見え隠れする風景もその一つである。

現在が過去から継承し、そこから創造して未来に託す風景の優れたものの一部は〝風景の古典、継承する風景〟として、未来の人びとにとっての原風景となり、現代からの生成的なメッセージとなる。このような循環が生まれれば、それが〝まちづくり〟の持続性をもたらすのではあるまいか。ちなみに、風土の記憶は何も視覚的な要素には限らない。風の音、肌で感じる風、花の匂いも、舌で味わうもの、五感を通じて複合的な記憶として残るものでもある。

ここで思い出すのは有名な『都市のイメージ』の著者ケヴィン・リンチ教授の言葉である。リンチ教授の最初の授業がボストン中心街の税関ビルの屋上バルコニーであったときのことである。われわれ学生に放った最初の質問は「今地下鉄の駅を出てここに来る間に何を経験したか？」であった。私の番になったとき、「魚市場を通ったときの匂いと音です」と応えた。先生はすかさず、都市のイメージはただ視覚的なものに限定されるのではなく、五感すべてに関わるということをよく覚えているように、とコメントされたのはいまだに記憶に深いものがある。原風景という風土の記憶と都市のイメージとの強い共通性を思うのである。

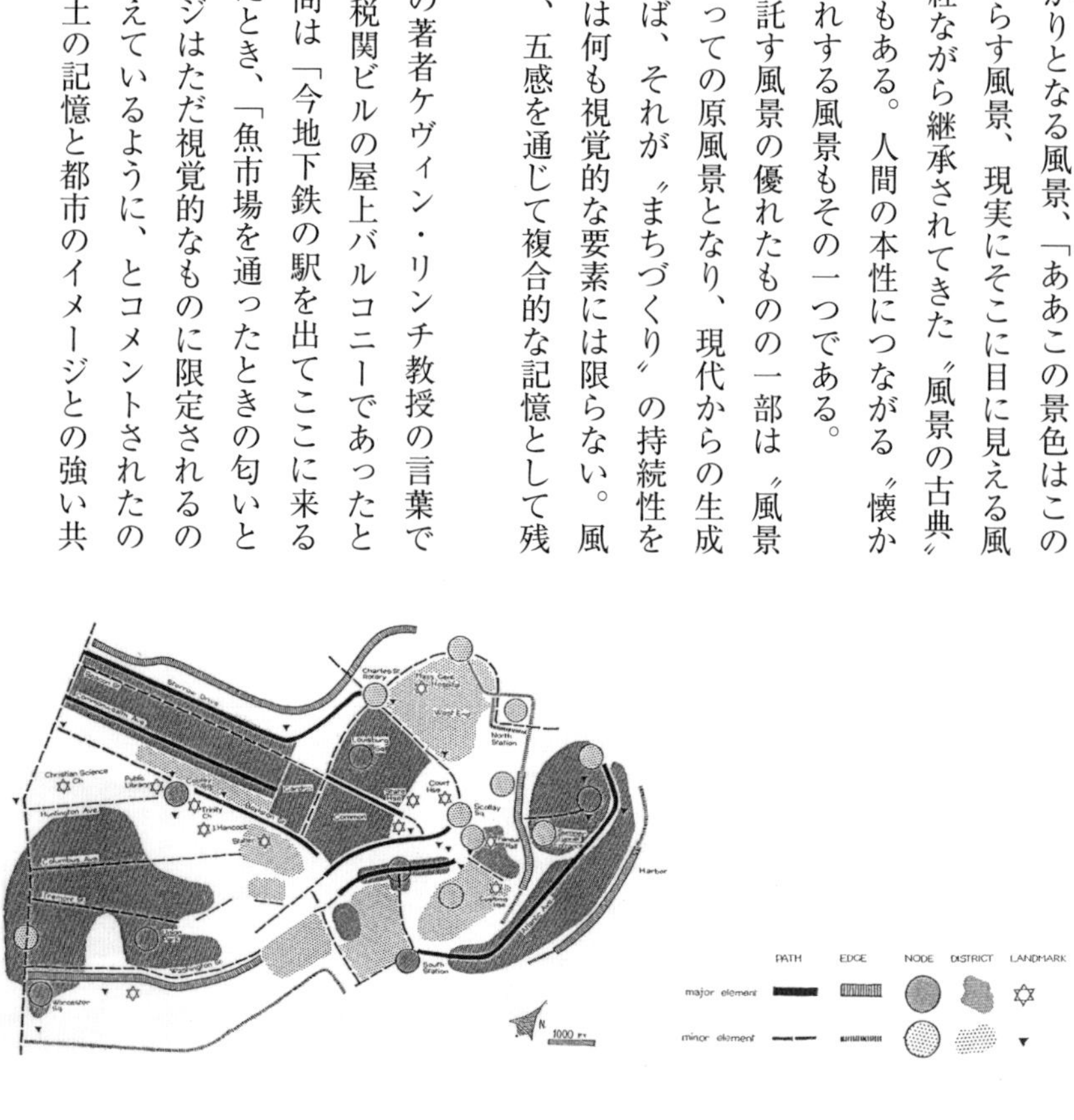

地上で感じるボストンの視覚的形態（ケヴィン・リンチ『都市のイメージ』より）

## 故郷喪失と〝継承なき発展〟

東日本大震災の災害で文字通り一瞬にして故郷を失った時点から、思いがけず人びとの口から出てきたのは二〇世紀初頭の小学校唱歌「兎追いしかの山　小鮒釣りしかの川　夢はいつも巡りて　忘れがたき故郷」だった。故郷を捨てて顧みない立身出世願望時代の価値観がその裏腹にもたざるをえなかった哀しさを下地とした明治末期の歌だが、これは単なる懐旧の情を唱ったと見るよりも、夢という言葉で表される意識下の捨てがたい記憶・願望、すなわち原風景を素朴なかたちで表したととらえてよいだろう。

地震・津波・戦災などからの復興を思うとき、〝まちづくり〟とは何だろうと考えてしまう。自然環境と街という人工環境、そこでの人の営みとを包摂する風土という包括的な〝状態〟、すなわち〝場〟をしつらえていくことを〝まちづくり〟だとすると、〝まちづくり〟とは過去から受け継ぎ今あるマチの状態をベースにしてそれを連続し、蓄積を伴った未来への向上を達成する作業が基本となるべきではないだろうか。まちづくりは〝継承を生かす創造〟と言ってよいのではないか。

そうであるならば、あるマチの過去の記憶を把握し、その記憶中にある、あるいはその記憶を呼び覚ます手がかりとなる風景要素や人の営みを尊重し、その延長上に現在のマチをつくり、さらにその延長上に未来のマチを構想するのはごく自然な方法ではなかろうか。景観という言葉には人の気持ちは入らない、何か突き放した客観性があるような気がする。

町並みというものにヨーロッパ的感覚として文明の継続と蓄積を前提にするなら、戦災で徹底的に破壊されたドイツのローテンブルグのように、記憶や記録をたどってほぼ完全にレプリカとして復元し、都市の歴史的姿を後世に残し風土の記憶の手がかりを担保する

ローテンブルグの町並み

ことを当然と考えるのだろう。伊勢神宮の式年遷宮も、レプリカをつくり続けることを通じて歴史の記憶を継承していくという意味で同じ発想を内蔵しているのかもしれない。もちろん過去のレプリカをつくることそれ自体はまちづくりとは言えないが、一方、過去を捨象した継承性のないまちづくりは本物とは言えまい。

東日本大震災と津波被害からの復興を考えたとき、文字通りの故郷喪失（ハイマートロス）という人びとの根源的問題にどう対処するかという課題に応えなければならない。本当の復興は、単に必要条件として以前より安全で機能的な物的環境を土木・建築主導でつくることで済む問題ではない。また、喪失したマチの単なる複製をつくることでもない。そこに住んでいた人びとの心の拠り所となる場や人びととの営みの復興でなければならない。それには風土（自然、人工、営み）の記憶を抽出し、それを生かし発展させること、〝魂がそこへ帰りたがる場所〟（内山節・哲学者）、すなわち〝故郷〟をつくることだと思う。

## 連続と不連続、故郷喪失と日本人

先述した小学校唱歌「故郷」が唱われるようになった現象は、多くの日本人の意識下にすでにあった心理状態、広義の故郷喪失者、ハイマートロスの感覚と関係がありそうだ。われわれ日本人は過去一世紀半の間に急速な近代化、大震災、大戦災、大規模な都市化を経験し、実はすでに立派な故郷喪失者となっていたのにそれに気がつかずにきた。しかし東北地域の根こそぎの壊滅を映像でリアルタイムで目前にして自らの潜在的故郷喪失感を重ねあわせ、素直に自然かつ集団的に感情移入empathyしたのではなかったか。すべて

伊勢神宮の鳥瞰

3・11東日本大震災による津波災害地

の人が意識下で等しくはげしい故郷喪失感を分かちあったと言える。この現象はおそらくユングCarl Jungの〝集合的無意識collective unconsciousness〟にも関係しているだろう。

自然災害があまりないヨーロッパでも、やはり戦災復興・都市開発がある。旧市街の外に大胆な新市街地や新都市をつくっているのだ。そしてモダニズムの建築・都市計画による復興はヨーロッパの都市景観を一変させている場合もある。第一次大戦の復興にタイミングをあわせるかのようにモダニズムが生まれているが、それがヨーロッパ文明に長期的に見てどのような変革をもたらすのか興味深い。

一方、既成市街地では原風景要素の保存や復元を当然のこととして粛々と行っている。ある意味で現代ヨーロッパは、歴史主義とモダニズムの間に揺れ動く不安定な一種の統合失調症状態にあるのかもしれない。それに関連して、建築分野のポストモダニズムには建築の歴史性と近代性を融合させる試みが含まれていたと思うが長くは続かなかった。とりあえず現在は、この歴史性と近代性のせめぎ合いは潜在化しているのかもしれない。

一方日本では、連続と蓄積を文明の定義に不可欠とするヨーロッパ文明にある〝心の習慣〟はない。一方、地震・津波・火事・台風などでいやおうなく環境に不連続が生じ、〝はかなさ〟や無常観の受容が日本文化に支配的な〝心の習慣〟となっているのではないだろうか。封建制度と鎖国の故に、ある意味意識的に進歩から背を向けた江戸時代の社会・経済・技術の変化は微小だった。歴史的に確立されてきた伝統的木造構法や自然素材の使用で、風景は言わば自動的に再生され、当時の現風景はほぼ無意識に連続性と蓄積を持続してきた。そのために工芸、建築や都市景観は極限まで洗練された側面がある。

ところが維新以来、古いものを捨て新しいものを無条件によしとする国是としての〝継

パリの旧市街と外縁部のラ・デファンス

ポストモダニズムの建築。マイケル・グレイブス設計のポートランドビル

承なき発展〟の結果、風土という場そのもの、すなわち日本文明そのものが大きな不連続的変化を強いられることとなる。以来、不都合な不連続性をそのまま受容する中で、歴史の意味を質す〝温故知新〟に代わって、過去を簡単に忘れ水に流してしまう〝心の習慣〟ができたのではなかろうか。

風土のアイデンティティーは原風景に依存する。地域に帰属感をもつための手がかりとなる記憶は時間を超えて存続する。古典と言える風景、多くは懐かしさを伴う風景、すなわち原風景だが、それが国土から急速に消えている。その結果が、都市と農村の索漠とした姿と精神的ハイマートロスの市民の姿に帰結している。この行き先が日本文明の喪失に至らぬことを願うのみである。希望的には、環境共生的な持続可能性をもった新しい風土を獲得することができれば、自ら新しい健全な原風景を生み出すであろう。

## 〝原風景〟という言葉

〝原風景〟は近頃日常的に何気なく使われる言葉だが、本来日本語の語彙になかったものである。この言葉が初めて活字化されたのは、奥野健男『文学における原風景―原っぱ・洞窟の幻想』（一九七二年）である。〝原風景〟はこの書の中で嚆矢となった造語である。それが文学以外の分野で、〝まちづくり〟、景観などの場面でただちに人口に膾炙し始めたのには理由がありそうだ。私の解釈はこうだ。

その頃日本の急速な経済成長が軌道に乗り、戦後の戦災復興とあわせて、環境の激変が実感されるようになっていた。当時の人たちの記憶の中にある明治から戦前にかけての風景と、目の前にする〝現風景〟とがあまりに乖離していることに気がつき、それを表すの

パリの伝統的な町並みの中に挿入された建物。対比の妙か、コンテクストの破壊か

に原風景という言葉がぴたりとはまったのではあるまいか。この時期は近代化の流れの延長上にさらに戦災復興と経済成長に伴う開発、環境の激変が起こった時期、すなわち日本の風景が原状を伺い知りうる限界を超えるところまで変化してきたときと一致する。風景の変化がある限界を超えようとしたとき、それ以前の風土の記憶を具体的に呼び覚ますキーワードとして〝原風景〟が出現したのだろう。

だから終戦以来、現在と未来だけ、それも物質的豊かさをもたらす経済成長と科学技術の発展だけを目的として生きてきたわれわれが、今になって過去の中に無造作に捨て去った美しいもの、心の豊かさや安らぎを与えるもの、歴史の手がかりを与えてくれるものに惹かれ郷愁を覚えても不思議はない。しかし、単なる後ろ向きの詠嘆調の懐旧の情や姿勢で終わってしまうわけにはいかない。方向の見えない変化に慣れて深くは考えない現代人の多くは、原風景の意識を単に懐旧の情としか考えなければ、ただ横へ押しやってしまうだろう。だが、まちづくりを志す者は、人びとが今現在住んでいる場の過去の歴史や原風景を尊重し、それを糧として現在と未来を組み立てる〝継承ある創造〟に手を貸さねばならないと思う。

ちなみに、生粋の江戸っ子と呼ばれるには三代かかると言う。つまり半世紀以上江戸に住み、風土の記憶としての江戸の原風景を半世紀遡れるようになり、初めて〝田舎〟というクニに対する帰属感から抜けることができるということなのだろう。そう考えると、原風景という言葉が出てくるほどの一九六〇年代の環境の激変から半世紀経ち、ほぼ日本人全体が都市人という故郷喪失者になった今が、日本社会の意識にとって一つの転換期なのかもしれない。池子の市民運動はある意味、失われつつある原風景の継承を無意識の中に主張した運動として、当時のエトスを反映しているようにも見えてくる。

　ところで、ヨーロッパ言語には原風景という単語はないことをご存知だろうか。つまり原風景という概念がヨーロッパ言語にはないのだ。連続性と蓄積とを文明の必要条件としてきたヨーロッパ文明の底流には風景や文物の連続性・持続性、蓄積を当然とする〝心の習慣〟がある。目前の風景と記憶のそれとの整合を当然とし、風景をほぼ不変に保ってきた経緯から、〝現風景〟と〝原風景〟はほぼ等しいとする感覚が常識となり、〝原風景〟概念が生まれず、したがって言葉としてつくる必然性がなかったと考えられる。

　実はつい最近まで原風景という言葉は欧米語にないことに気がつかなかった。二〇〇五年、彦根のＷＳＥ（World Society for Ekistics）世界居住学会国際会議で原風景の喪失と復興を訴えた小論文*を書くに当たり、また二〇一〇年京都の世界歴史都市会議に出した〝都会のアイデンティティー〟の論文の中で〝原風景〟を英訳する必要に迫られ、辞書を引いたりイギリス人の都市地理専門家である家内に聞いてもないという答えであった。後に陣内秀信先生に聞いてもイタリア語になく、ドイツの都市計画家エルファヂング氏に聞いてもドイツ語にはない。オーギュスタン・ベルク博士に聞いてもフランス語にもない。渡邊雅司東京外語大名誉教授に訊ねてもロシア語にもない。仕方なくproto-landscapeという造語をしてみたが、いまだにピンときていない。やはりgenfukeiとするほかないのだろう。

　推論するに、ヨーロッパでは依然として〝現風景〟が〝原風景〟として通用している場合が多いので、原風景という言葉をつくる必然性がなかったようなのだ。そうは言ってもヨーロッパの戦渦も大きく、戦後既成市街地の復興が歴史性の復元を基本としてはきたが、復興や新しい都市開発にはモダニズム建築が大きな比重を占めている。この二つの間の緊

* "CREATING LOCAL IDENTITY OF ASIAN SMALL AND MEDIUM CITIES THROUGH RECOVERING PROTO-LAND SCAPE" 10/07/30 Koichi NAGASHIMA

張感はそれなりに新しい風景をなしていると言ってよいかもしれない。そうなるとヨーロッパでも近いうちに原風景という言葉がつくられるか、Genfukeiがそのまま使われる時代がくるのかもしれない。急速な経済発展と開発で残念ながら風土の記憶たる原風景を喪失している発展途上国で近い将来、本格的〝まちづくり〟をしていく努力の中で原風景の概念が必要になり、日本語のgenfukeiを使うことになりはしないだろうか。

懐古的と片付けてしまえばそれまでだが、人間の本性には常に歴とした時間軸とがあって、それが人間を過去―現在―未来にまたがる感覚的、精神・霊的な統一的存在としているのではないだろうか。現在だけを取り出せば未来への指向の角度は三六〇度あるわけだ。過去と現在を結ぶ軌跡をたどったとき初めて未来へのベクトルの妥当な角度域が見えてくる。おそらく〝現代の不安〟とは〝継承なき発展〟に大きく由来しているのではないだろうか。

## 原風景の共有で実感できる〝まちづくり〟

風土と〝まちづくり〟をつなげる住民参加のワークショップのテーマとして、〝まちづくり〟に原風景を生かすことの意味について考えてみる。人びとがそれぞれの地域の風土の記憶を思い出すことから始め、それと今日の前にする風景と比較すれば、マチの現状の評価を個人的実感をもって行うことができる。その実感に基づいて〝まちづくり〟の提案が具体的生成的に生まれると考えるのである。この方法を多数の住民を対象に行えば、お互いからの触発を含めてより深みと客観性のあるまちづくり提案が生まれるであろう。

〝まちづくり〟手法として地域住民の協働による〝まちづくり〟、住民参加のワークショップの手法がすでに市民権を得つつある。この手法を援用して個人や集団の生の記憶と意識下の記憶とを呼び覚まし、それをこれからの地域の〝まちづくり〟の根本に据えることができるのではないか。原風景ワークショップの成果として期待するのは、行政の恣意ではなく原風景に立ち戻りそれを抽出するプロセスの中で、風土の現状に対する市民の実感に基づく対比に出発点を置き、そこから現状に働きかけることを通じて本格的なまちづくり施策作成の糸口をつくることである。

原風景をまちづくりのプロセスの基底においた作業を通じて今生まれる新しい風景は、四半世紀もすれば風土の記憶をとどめ、かつそれを生かした新しい風景として実現され始めるであろう。それが住民がマチを愛し育む気持や、継承ある創造の契機となり、未来に向けた原風景再生の持続的な反復回路をつくることになるだろう。

## 原風景の抽出と風土の記憶

〝風土の記憶〟それはすなわち〝原風景〟であるが、記憶には個人的なものと、集団的な記憶とあり、また記憶の中には実際の姿として意識されたもの、また人びとの意識下に蓄積されているもの、現実に見たわけではなくてもたとえば親から聞いた昔の風景や出来事、郷土史などから学習した歴史の内容まで含めてその地域の記憶となっているものなどがある。それを抽出するのに適した手段がまさに〝住民参加の集団的ワークショップ〟ではないかと考えるのである。

東北震災からの復興などは極端な災害の場合だが、実はそれ以上の災害が戦争中の空襲や沖縄戦のような戦災としてある。その復興にあたっては、便利さと経済性などの言わば機能的必要条件が主たる目的となっていた。人の心の回復と豊かさをつくるには、文化的、歴史的な十分条件を満たしていくことが必要だが、それには無関心であったと言えないだろうか。その結果として〝原風景〟、風土の記憶を無視し抹殺するような杜撰な〝まちづくり〟で実は〝マチこわし〟をしてきたのではなかったか。

〝まちづくり〟というのは本来そのような、意識されまたは意識下の個人的、集団的記憶である原風景の認識の上につくられるべきではないかと重ねて思う。それ故、歴史、土地、気候、景観、植生、伝統家屋、歴史的建造物とかを含めた原風景要素を、あらためて〝まちづくり〟の根源的な要素・要件として取り扱うことを考えるべきだと考える。

そのような視点の下に逗子の歴史的変遷を踏まえながらこれからのまちづくりを考えたい。本格的な市民参加のワークショップに入る前に、まず私自身を題材にして試してみよう。私にとって逗子の原風景とはどんなもので、いつ頃まで遡るのか考えてみる。祖父が別荘を建てた一九〇〇年から父が体験した関東大震災の記憶を経て、私が戦争勃発の前後逗子に住んだ一年間と、学生時代の夏休み、結婚してから定住した一九六五年から現在までの期間である。手元にある参考資料は、近過去（明治、大正、昭和から戦後六〇年代末まで）から現在までのいくつかの写真や地図、地元の郷土史家・黒田康子さん、三浦澄子さんなどによる郷土史である。

そこで、以前原風景について多少理論的に考察した道筋を、実際のケースに当てはめて疑似テストsimulateしてみたい。本来は地域住民の参加を得た集団的なワークショップとして行うことでより客観的な結果を得られることを想定しているが、とりあえず試行モ

私の視点

建築家・元UIA国際建築家連合理事
長島《ながしま》　孝一《こういち》

震災復興事業
原風景生かす町づくりを

東日本大震災の復興事業では「緊急性と防災性の確保」という理由から多額の資金が土木的都市計画事業などに注がれている。同時に既製品的な住宅が被災地に広がり、無性格な町並みがつくられていくように見える。仮設住宅など緊急を要する事業があることは否定しないが、まちづくりの文化・社会的目標設定と、それに基づく中長期的な視点によるロードマップや具体的施策などが必要だ。

今回の復興事業に限らず、終戦後の日本の都市計画はそれらを置き去りにした対症療法を重ねてきた。ただ便利に住めればよいというレベルにとどまり、景観面では「原風景」の復元やその上に新しい豊かさを発展させることを忘れてきたと思う。原風景とは、地域が根ざしている気候や風土、空間、文化、歴史に関わる、人々の意識無意識の集団的記憶の蓄積である。建築やまちづくりに当たっては、この原風景をさらに発展させた、地域社会のアイデンティティー＝「特有性・らしさ」を不可欠の要素として考えるべきだ。

もちろん壊滅的な打撃を受けた地域では、保存すべき伝統建築や町並みもついえ去り、原風景の手がかりを探すのは容易ではない。しかし、壊滅の度合いが強いほどムラやマチの原風景の記憶を、復興を通じて新たに創成し、後世につなげることは、被災地の人たちにとって生きる意味と活力を与えるはずだ。

そのためには、避難者を含めた元来の地域住民と大学の教員や学生、建築家、行政マンら外部の専門家が一緒に原風景を掘り起こす共同作業の場づくりから始めてみたらどうか。

たとえば、地域住民と専門家らが連携し、改めて被災地区を含めた地域のマチ歩きをする。また古老やあらゆる世代からの聞き取りをし、役所や図書館に残るセピア色の写真、文献や地図の発掘に努め、衛星写真なども可能な限り集める。それらを下敷きに、地域住民が議論をしながら原風景の全体像をあぶりだす。その結果、「まちづくりデザインコード」として具体的なまちづくりの規範ができれば、自治体の基本計画にも生かせる。

ただ、多くの被災自治体は都市デザインに関するノウハウが十分ではなく、専門家集団に恵まれているわけでもない。計画作りそのものにも多額の資金が必要だ。例えば英国のCABE（建築・まちづくり支援機構）のような、政府が出資するがひも付きでない、「原風景復活創成支援機構」といった専門家集団の組織を作り、自治体と住民の挑戦を後押しすることも求められる。

朝日新聞二〇一四年七月二四日「私の視点」掲載文

デルとして私個人の記憶にある原風景を例に取り上げてみる。そのプロセスとして、三段階手順の試行を行う。原風景の抽出→現状の記述→回復への提案。ここで前提を確認する。

・〝まちづくり〟とは風土という場をつくることである。

・風土とは 自然、人工環境、人の営み、の三要素が相互に作用する場である。

・原風景とは一義的にはその風土の意識・無意識の記憶であり、自分の存在を風土に関係づける原初的風景である。また記憶を呼び覚ます手がかりともなる目に見える実体としての風景要素。

以上の前提のもとに、

①風土の記憶としての原風景を自然、人工、人の営みとして書き出してみる。

②記憶にある原風景が今どうなっているか、現状の記述。

③現状から回復する方法・手段を〝まちづくり〟の基本として提案する。

## まちづくり方策のスケッチ的提言

以上は個人的な風土の記憶としての原風景を思いつくままに列挙したものである。それを元にして提案部分を整理再構成し、原風景を生かした〝まちづくり〟方策のスケッチ的提言集としてみた。もしこれが多数の市民のワークショップによる原風景の抽出の結果として整理されるのであれば、原風景の記憶を通じて市民の日常的な実感と願望を直接表現した提案となる可能性が大きい。すでに個人的な試行の結果からも見えているが、総じて市民のつくった「まちづくり基本計画」の内容、特に前文と重点プロジェクトの内容にちかいものになるのではないかと想像している。これを表として整理したものを次に示す。

自然環境

| 対象 | 原風景の抽出 | 現状 | 回復への提案 |
|---|---|---|---|
| 逗子の自然の全体的記憶 | 海、山、川の自然が原風景の基盤としてある | 視覚的に遠景の自然的風景は一応保たれているが、近景となる風物、特に緑の環境が戦後の開発〝マチこわし〟で大きく変化した | 〝マチこわし〟で失われたマチの緑や水の回復 |
| 逗子湾の光景 | 海岸から見た逗子湾〜江ノ島〜伊豆半島〜富士の奥行きのあるパノラマ的景色 | ほとんど変化はない。特に夕映えの美しい逗子湾 | |
| 鐙摺の岩場 | 岩場からの富士の眺め、岩場の伊勢海老 | 下水処理場造成のための埋立てで消失 | 処理場上部に「富士見公園」を創成して眺望を回復する |
| 住居・別荘地の黒松林から渚に至る新宿浜砂丘の自然海岸 | | 国道一三四号が市街地と海浜を分離し、騒音と空気汚染で多くの松が枯れた | 国道半地下化で上をプロムナードとし市街と海浜の連続性を回復、排気は浄化塔で排出。津波来襲時の海水浴客の避難路として披露山、桜山へのルートを確保 |
| 波音や潮の満ち引きの音、黒松の松籟 | | 国道一三四号の交通騒音が潮の音や松籟を乱している | 国道半地下化で解消、黒松の植樹を推奨 |
| 浪子不動の岩場と焼き芋屋の風景 | | 国道一三四号で消失 | 海岸沿いのプロムナード整備 |
| 砂浜に散る桜貝 | 市職員、土屋花情作詞の「桜貝の歌」で有名 | 埋立てによる海中の変化でほとんど消失 | 処理場からの排水の品質管理強化 |
| 海苔養殖網の光景 | | 鐙摺岩場埋立てによる海中の変化でほとんど消失 | 処理場からの排水の品質管理強化 |
| 逗子駅に降り立ったときの潮の香 | | 海からの風の通り道が中高層建物で遮断されたか、車の排気で稀になった | 海岸中央通り、銀座商店街、水道道にかけての風の通り道をコミュニティー道路として都市デザイン的に整備する |
| 市街を囲む丘陵の豊かな緑 | 斜面緑地の豊かな景観 | 半分以上が宅地造成で消失、傾斜面をＲＣ擁壁にしたため景観を損なっている | 開発規制の強化と徹底、ＲＣ擁壁を自然的擁壁に |

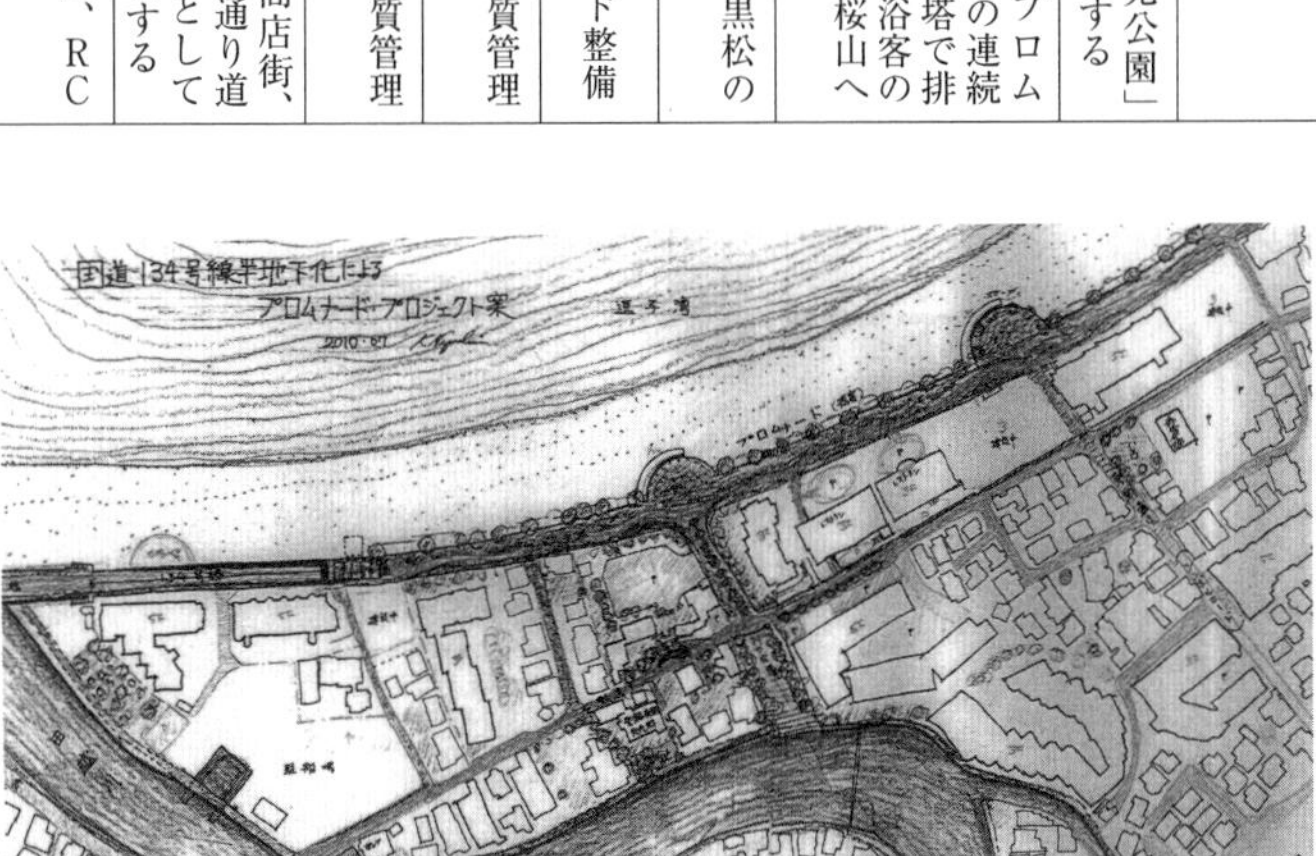

プロムナード提案平面スケッチ

| | | | |
|---|---|---|---|
| 里山尾根道 | 桜山から葉山にかけて、子供連れで散策、ハイキング | 私有地の囲い込みで道が不連続になり、散策、ハイキングが難しくなった | 草地や林地の公共通行権Public right of way を制度化 |
| 田越川の風景 | ・地元産池子石などによる護岸造成で親しみやすい環境<br>・川中にそよぐ葦の風情<br>・川中の釣人の姿<br>・和船やボートでの川遊びの情景<br>・川岸の柳や桜など、宅地内から枝を伸ばして川面に映る樹木の影が美しかった<br>・富士見橋の軸線上に見える富士山、道の行く手に見える桜山や披露山の姿 | ・道路拡幅や浚渫工事で固いRCや擬石、花崗岩の擁壁になる<br>・浚渫工事と護岸工事でほとんど消失<br>・鰻、黒鯛、だぼはぜに牡蠣、天然記念物の弁慶蟹など、浚渫やRC護岸で消滅<br>・洪水危惧のため係船を総岡上げした。川に舟が皆無な光景は不自然で寂しい<br>・道路拡幅、治水護岸整備でほとんど消失<br>・中層の建物が眺望線を遮り、富士の見えない橋になった | ・自然石による環境にやさしい護岸の回復<br>・葦の植え付けで護岸を再生<br>・浚渫方法の改善などで、環境護岸の回復<br>・条件付きで選択し、少数の係留を許容する<br>・護岸道路設計の見直し、河岸プロムナード整備に植樹を復活する<br>・都市デザイン指針をつくり、長期的公的な眺望線（回廊）を確保する |
| 住宅地の黒松の群生 | 特に海浜側に豊かな群生、松籟 | 黒松の群生が消失 | 黒松の植樹を推奨する |
| 屋敷通り、海岸中央通りの“松のトンネル” | 宅地内の黒松が枝を伸ばして道路を覆い、景観としてもユニーク。夏の日差しから歩行者を守り快適な空間をつくっていた | 別荘地の分割など宅地開発でほとんど消失。逗子では黒松が原生として優越していたことを知らない人が増え、椰子の樹を街路樹になどと、風土を無視した心ない提案が出ている | 現植生の黒松の環境調整機能としての再評価、街路樹としての利用。第三セクターなどで苗圃を整備して一般の庭への植樹の奨励。生垣補助のみならず植樹補助へ |
| 黒松などの落葉焚きの懐かしい匂い | | 落葉の掃除を嫌い、道にはみ出す枝を伐採する傾向と、消防規制のためか、たき火はあまり見られなくなった。そのため樹を植えない、切ってしまうのは残念 | 落葉掃きや緑の環境を維持する努力を通じて、近隣コミュニティーづくりをする |
| 鳥のさえずり、夕蝉の鳴き声 | | 住宅地の緑が少なくなり、鳥は増えたが小鳥は減少、蝉の鳴き声も少なくなり、特に夕蝉が聞かれなくなった | 市街地の緑化の推進、緑化条例策定 |

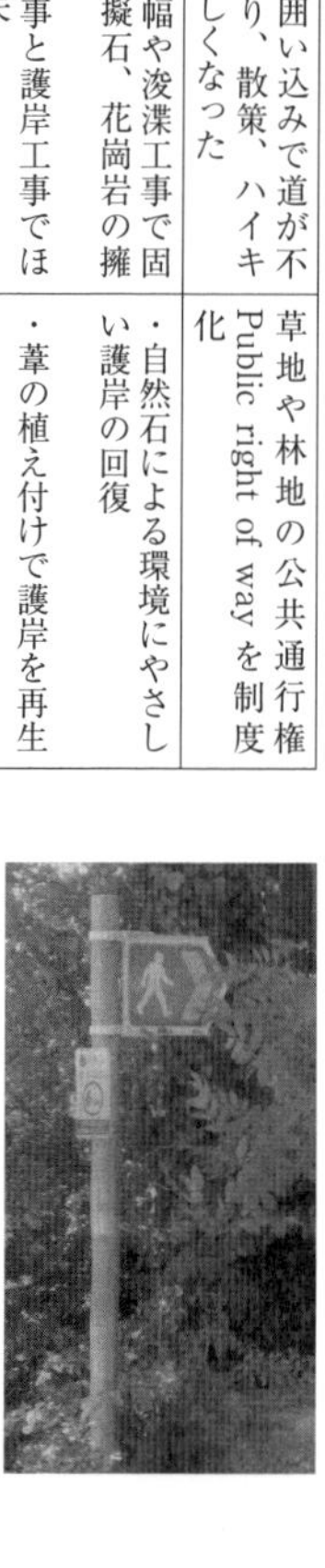
イギリスの公共通行権のある小路案内の立札

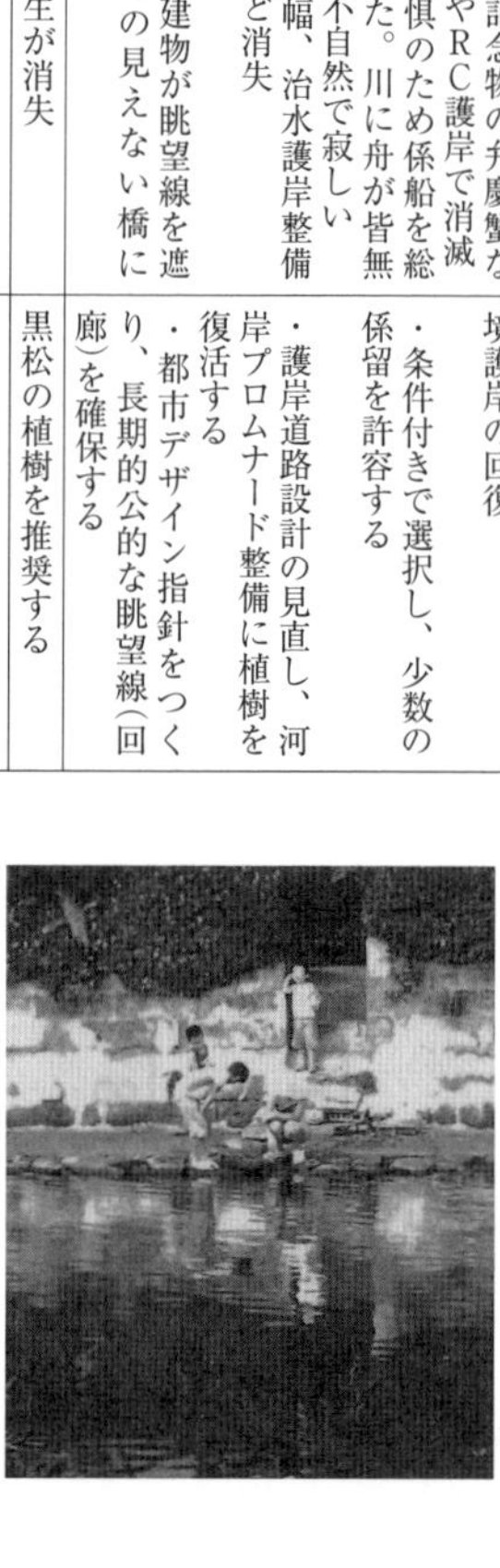
川遊びをする子供たち

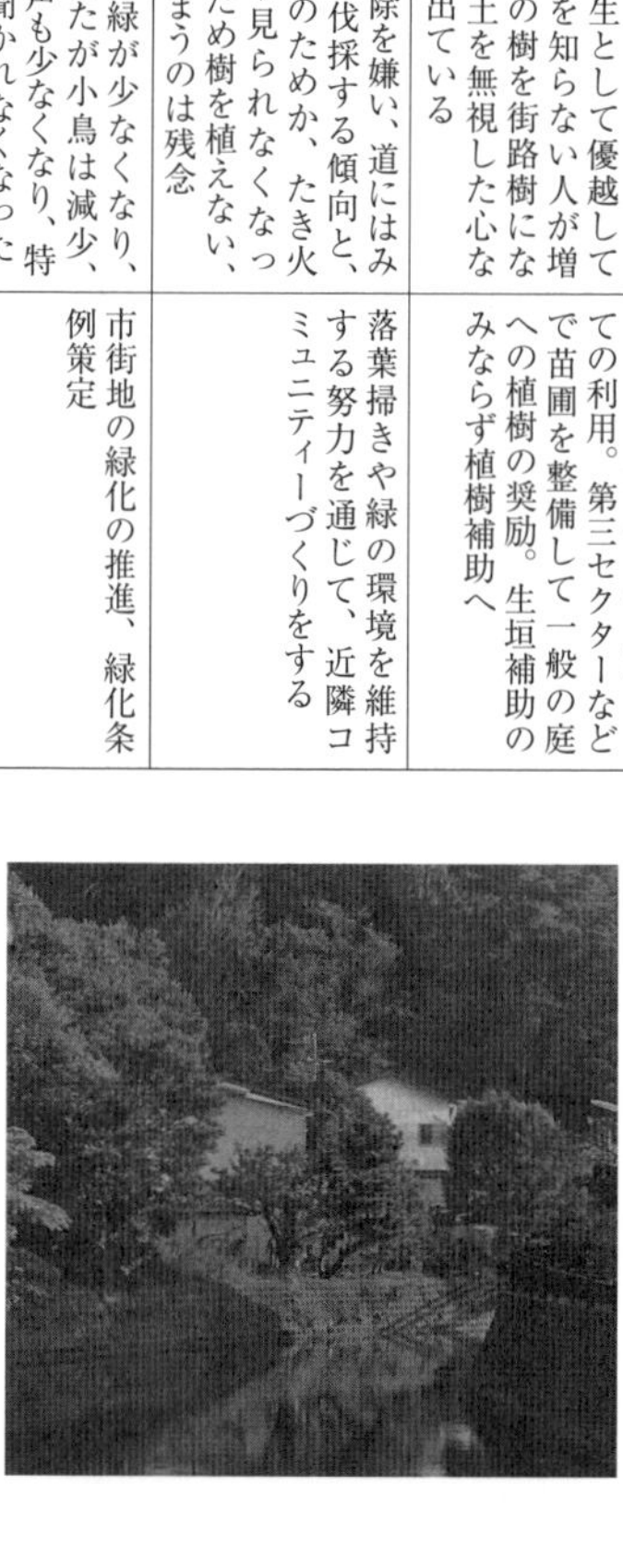
川沿いの植込み

人工環境

| 対象 | 原風景の抽出 | 現状 | 回復への提案 |
|---|---|---|---|
| 全体的な記憶 | ヒューマンスケールの建物や道路空間、自然素材が卓越し、家と緑が霜降り状に混在調和していた | 中高層建物が無計画にできてヒューマンスケールの低層の町並みが崩れ、建物、外構に人工素材が卓越してきた。宅地細分化、丘陵地の開発で緑が減少した | 市街地にヒューマンスケールと緑、自然材使用の回復を行う様々な施策が必要 |
| 低層でヒューマンスケールな町並み | 心やさしく心地よい町並み | 拙速な都市計画により低層の町並みに中高層建物が建ち、周辺の日照、通風、プライバシーなどに環境弊害を及ぼす | 人口減少も考慮し建蔽率、容積率の引き下げ、最低敷地制度、用途地域の変更により〝住みよさの秩序〟を回復する |
| ヒューマンスケールな路地空間 | 小さな宅地でもよく手入れされた植込みや生垣、黒松、榎など緑が豊かで、散策を楽しめた | 狭小宅地や集合住宅が増えて宅地内の緑が減少、市街地全体が殺風景に。空き家、空き地が増え、そこに駐車場化が常態化して緑の消失をまねく | 市街地の緑を増やす運動が必要。緑化条例の整備、壁面線後退規則、駐車場の緑化規則で宅地内緑化を計る |
| 生垣や竹垣の景 | かつてはボサ垣や竹垣など、自然材による家屋、門、垣根が逗子の特徴で、景観に品格と安らぎがあり散歩が楽しかった。周囲の生態系とごく自然に調和していた | 冠木門、塀、植栽など自然材による伝統的しつらえが忘れられ、RC、ブロック、プラスチック、金属などの人工材が主流になっている<br>狭隘道路、二項道路が建築基準法に適応すべく新築改築の際4mに拡幅され、新開発地では道路構造令によりそれ以上になり、車には便利になったがヒューマンスケールが失われ、コンクリートブロックの塀で縁取られた無機質な表情の道が景観を阻害している | 自然材を奨励するキャンペーン、自然材を使用する職人仕事の復活を推進、地元職人紹介システムをつくり職人仕事の活性化を計る<br>二項道路拡幅の際、緊急車が蹂躙可能な低植栽による拡幅部分の緑化を義務付ける。拡回復方法をデザインコードなどで示し推奨する |
| ヴァナキュラーな和風洋館の風景 | | 老朽化してほとんど消失。ハウスメーカー的住宅をはじめとして、逗子の気候風土に配慮していない建物が蔓延している | ポーチのある湘南コロニアルスタイルなど逗子、葉山の気候に適したハウスタイプの開発、空き家、伝統住宅の保存活用の推進。登録有形文化財レベルの建築の保存活用をうながす市税制などの制度の構築 |

生垣、ボサ垣の路地

| | | | |
|---|---|---|---|
| ヒューマンスケールの商店街 | 二階建ての小売店の連なる商店街は歩いていて楽しい | 中層ビルが増加し、バスや車が増えて道両側の商店が分断されている | 銀座通りの歩車共存のコミュニティー道路化を進める。三階までの高さ制限 |
| 山裾の神社仏閣、神武寺の晩鐘 | 逗子八景の一つ | 近頃聴こえない | |
| なぎさホテルでの洒落た憩いの風景 | 大正時代からのクラシックなホテルで、風格ある佇まい。海岸と芝生の庭が一体化し、ゆったりとした時間が流れる逗子ならではの安息の場 | 進駐軍から返還後、ホテル業者（実はビル管理会社）の無知から業績不振で取り壊され、無性格な沿道型飲食店となる | 経験あるホテル業者の手で風格のあるローカルホテルとして再生を願う |
| 車社会への対応 | かつては歩行者優先、自転車や人力車が主要な交通手段で、町は静かだった | 歩行者と自転車の通行システムが未整備、駅前や商店街に駐輪場が不足 | 平坦部の多い地形を生かして歩行者と自転車を優先する町として整備、駅近傍に通勤者用の駐輪場を整備 |

人の営み

| 対　象 | 原風景の抽出 | 現　状 | 回復への提案 |
|---|---|---|---|
| 地域住民による人間的交流 | 車が少なく道路が安全だったので、道すがらの立ち話など近隣の交流があった。小売店と客との人間的な交流があった徒歩圏内に小売店が散在し、住民の日常生活圏が形成されていた | 道が車に占拠され、路上での日常的な交流が少なくなった。ふれあいのある小規模小売店が減少し、スーパーやコンビニが増加 | 日常生活の中で〝ふれあい〟を再評価、〝ふれあい活動圏〟を整備し近隣レベルの津波対策に結び付ける。商店街での客と売り手との交流、地元で経済が回るシステム、政策・戦略・方策を考える |
| 御用聞き商法の復活 | 御用聞きの商人と住人との個人的交流があった | 御用聞きがほとんどなくなった | 高齢化、独居老人の増加に対応して、御用聞き、配達を行う官民協働の新しいシステムを開発する |
| 伝統文化 | 六代御前祭礼における素人芝居、田舎芝居、盆踊りなど | 広場が駐車場になり、護摩供養や平家物語演奏のほかは消失 | 地元町内会・自治会や市内文化団体、市が協力して、伝統的イベントを復活する |

銀座通り商店街

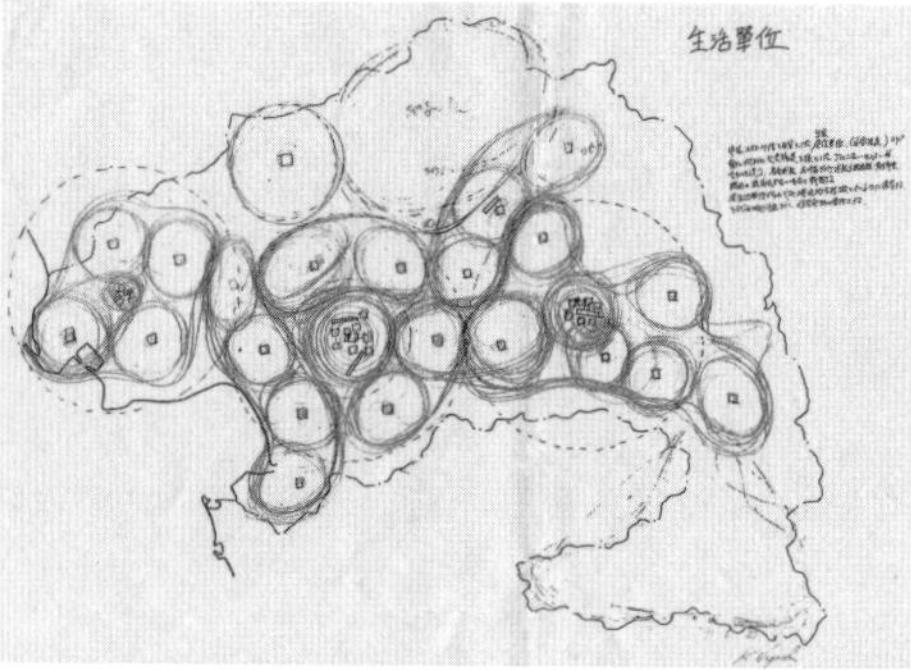
日常生活圏市民提案スケッチ

## 「まちづくり基本計画前文」に集約された原風景

何のことはない、以上の試行の結果を見ると、一市民としてまちづくりでやってほしい、やりたいと思っていることがほぼ出揃っただけのことだとも言えるのだ。一九六〇年代以前のマチの記憶をもつ市民であれば、おそらく誰もが実感し回帰を望むマチの姿なのではないだろうか。それはまたおおよそ「まちづくり基本計画」の内容にちかい、極めて常識的なまちづくり提案が出揃ったとも言えるだろう。

〝常識的〟とはcommon senseすなわち皆が分かち合える感覚と言うことになるが、それはやさしいという意味では決してなく、皆がそうしてほしいということは実際に実現するのは困難なことが多い。それらが政治レベルで、また行政制度的、法制度的、財政的に現状では実現しにくいのがこの世の中の常だとも言えるのではないか。「まちづくり基本計画」と同じく、実現にはなかなか困難な計画があることに気が付く。これをあえて一つ一つクリアーし実現するには、市民と行政の持続的な協働作業が要ることも明らかである。

だがそれこそが、原風景を基にしてそれを現在と未来に生かし、マチのアイデンティティー（らしさ）をもった〝まちづくり〟をするということではないだろうか。あらためて「まちづくり基本計画」が市民の実感から生まれたものだということを認識するのである。そこで「まちづくり基本計画」の前文と比較してみよう。「まちづくり基本計画」の特徴はその前文にあますところなく表現されていると思う。参加参画した市民の中に作家の喜多哲正氏がいて、「まちづくり基本計画」が一応まとまった段階で氏が前文を書いた。その中から、原風景に関わり〝まちづくり〟の提案となった部分に傍点を入れてみる。

## 1. 自然の恵みと享受

「2035年の日本列島……上空から俯瞰する時、首都圏南部にあってただ1カ所、山緑の稜線に四囲隈取られた不思議な空間があった。三浦半島の鎌倉から逗子に連なる風景である。逗子と隣接する地域は、いくつもの山を削った宅造地あるいは墓地団地に変わって居た。対して逗子の、米軍住宅が撤去された後の池子の森を含め、連綿と続く緑の海は荘厳な感動をもたらした。それはかって明治期、逗子を舞台にした小説「不如帰」を書いた徳富蘆花が、「自然と人生」のなかで絶賛した風景への変わらぬ感動といえた。

なぜ逗子だけにこんな奇跡が起きたのか。30年前の2006年、市民参加により策定した、二度と逗子の山の緑と稜線は汚さないことを強い意志を籠めた「まちづくり基本計画」の真髄を律儀に守りつづけたからだった。

安らぎを求めた保養地としての誇りを手放すまいと30年もの間、この脅威と自覚的に向き合ってきたからである。そこに市民の自発的な参画でできた「まちづくり基本計画」の豊潤な精神があった。

この豊潤な精神は、しかし自然をそのままに放置することだけではなかった。十全に手入れされた里山、美しい檜や杉の商業樹林、さらには潜在自然植生に根差した深遠な〝いのちの森〟として鮮やかに蘇った光景に接するからだ。そしてなにより、山の稜線から川を辿って海に至る散策路が張り巡らされ、歩く文化が脈々と息づいているのを知るだろう。その成果の大半は、財政難にあえぐ行政だけに頼ったのではなく、行政と市民の自発的な奉仕活動による協同作業に預かっている。

## 2.〈いにしえ〉への郷愁と血の通ったふれあい社会の創造‥

30年前、各地で自治体合併が取りざたされた時、逗子は人口6万の自治体を程よい行政区域と捉え、その逗子市にしかできない互いに知り合える地域を全市にくまなく造り出す努力を重ねた。単に〈いにしえ〉への郷愁だけでなく、その地名に内在する共同体のぬくもり、ひととひととのふれあい、人と自然との連なりを手放すまいとする市民の意志が籠められていたからである。

２００６年策定された「まちづくり基本計画」以降すこしづつ、しかし確実に、ついには劇的に変わったのである。その根底にある生きざまは、歩く事に象徴される人間本来の精神と他人あるいは自然への思いやりを取り戻す試みのゆえだった。〝ふれあい活動圏〟をよすがとするコミュニティーに活かし、弱さを補い合う強固な交わりとして浸透させてきた。

逗子市民はその精神を、誰もが知っていて、しかし長い間忘れられてきた宮沢賢治の「雨にも負けず」の詩のなかに見いだした。

２００６年の前年に京都議定書が発効した。逗子市民はこの議定書に正面から向き合い、「まちづくり基本計画」の様々な項目に取り込んだ。

野放図な人間の営みによって地球が自然の摂理をなくしつつあるものと捉え、自然と共生する生きかたへの限りない努力を始めたのである。

その第一は過度な車依存からの脱却だった。かっての車道は歩行者自転車に優先順位を譲っている。まちの至る所に緑が溢れている。それは車庫が激減し、かわりにそこが市民自身の自覚によりガーデニングに用いられている単純な事実に気がつくだろう。

第二は、視界を塞ぐ高層建築やスラムが本来内包している自然な人間の精神への「殺意」から、自覚的に目をそらさぬ努力だった。

30年前の逗子は、中心市街地をはじめ至るところの住宅街が高層マンションやミニ開発などで逗子のまちが次第におかされつつある姿だった。

この絶対的事実への自省に立って逗子市民は、『まちづくり基本計画』制定以来、視界を塞がない低層の、自然と融合した品位を統一感のあるまちの姿をくっきりと心に描きつつ、行政との共同作業によって、そのための耐えざる努力と心血を注ぎ続けた。

エネルギーと廃棄物についても循環社会の見事な実践を学び活かす試みを続けた。不便を厭わず、慎ましく人・人と自然のぬくもりのあるコミュニティーを残そうと悲願する飽くことのない執念だった。

3. 逗子市民が発するメッセージ

２０３６年首都圏の人々は、開発の名による破壊をあくまでも拒み、守り続けた自然、品位と統一感のある低層のまち並み、それを育む自律した市民によるコミュニティーの姿にじかに接し体験するために逗子への研鑽の旅に出る。

了

# 六　あとがきに代えて

アミーゴキャラバンによる逗子海岸フィルムフェスティバル

## 逗子の市民社会の成長過程をたどる

戦後半世紀ちかくまで因習的、保守的なムラ政治が続いてきた一面では人間的あたたかさをもった緊密なコミュニティー、あるいは市という行政体が逗子だった。その後、池子の森を守る市民運動を契機として新住民や女性、若い世代の価値観が新しい展開を見せた。その過程で単に住んでござるの〝住民〟から、マチに愛着と責任をもって行動する意識をもった〝市民〟への脱皮が始まった。しかしマチを二分した自然環境に対する価値観の差、国民原理と市民原理の違いは後遺症として存続し、市民相互間の暗黙の不信感はいまだ完全に払拭されているとは言えない。行政内部にも価値観の全く違う首長の交代する中で忠誠心のいきどころに迷う経験があり、意欲的に仕事をする気概が萎え、なるべく当たり障りなく仕事をこなす負の〝心の習慣〟ができている部分がありそうな気もする。

それでも市民は池子の緑を守る市民運動で触発された市民意識が下地となり、様々な日常的市民活動・生活の営みを展開する新しい意欲的な〝心の習慣〟をものにしつつあるように思える。これを裏付ける発言として、逗子文化の会カルチャーフォーラムで招いた市外の講師・指揮者の大友直人氏は、逗子の駅頭の広報版が様々な市民活動のフライヤーで一杯になっているのに気づいて、逗子市民の活力に強い印象を受けたことを述べている。

「ローマは一日にしてならず」で、まちづくりには気運と時間が必要だ。池子運動時代、富野・沢市長時代に市民と行政の高揚した時期があり、その後一時的に反動的な落ち込みがあったが、その間市民社会的エトス（気概）が成長し、市民の参加参画で生まれた〝まちづくり〟条例や〝まちづくり基本計画〟などの行政手段によって一定の持ち直しができた結果、よく言えば現在一種の安定期にある感じもしている。

日本自体も高度成長期から低成長・安定期に向かう段階に至っていると思うが、この辺りで落ち着いて本格的なまちづくりを始める機会が訪れていると考えてもよさそうだ。その根本的な手がかりが〝原風景を生かしたまちづくり〟ではないかと思っている。これを具体的に実施する方法論として、住民参加のワークショップの実施を模索しようと考えている。

## 〝まちづくり〟、文化活動に参画する

私自身の、逗子在住の建築・まちづくり専門家としての関わりについて触れる。逗子に定住して五〇年、その間自分のマチと感じている逗子の〝まちづくり〟に自分の能力や経験を生かしたいという気持ちがいつもあった。一九六五年以来、槇文彦氏の下で都市デザインを担当し、早大で教え、一九六九〜七二年シンガポール国立大学に都市計画大学院コースを設立、主宰して帰国以来、再び槇事務所に戻り、先進自治体とされる横浜市や世田谷区などの〝まちづくり〟や建築設計に携わり、居住地に近い横浜国大大学院でも教えていた。その後一九七六年、四〇歳のときに独立し、その後も横浜市や世田谷区のまちづくりに関わり、東大や芸大でもまちづくりを教えてきた。

だから客観的に見て逗子に生かせる〝まちづくり〟の実績を十分もっていると言えるだろう。にもかかわらず、それまでは自分の住むマチ逗子にはとりたてて積極的貢献をしてこなかったので、少なからず申し訳ない気持ちを抱いていた。自分が実際に住む地域にか

かかわらず、また根差さないプロフェッショナルのあり方に何かうしろめたいものを感じていたからである。

ところが一九八二年、池子の森を守る運動の当初、運動の中心を担っていた地元民でＩＧＯＣ（Ikego Green Operation Center）の事務局長、富野暉一郎氏や辺見明子、杉浦直子さんから運動への参加の誘いを受けた。そこで初めて池子の環境問題を逗子のまちづくりの中で位置づけて役に立とうと決心をしたのである。以後一二年にわたる市民運動の中で「まちづくり懇談会」の世話人代表、ＩＧＯＣの代表を務め、富野市長誕生の後、市長の諮問に応える「建築まちづくりアドヴァイザーグループ」のメンバーとなり、まちづくり懇話会副会長（会長田村明氏）、グランドデザイン研究会副会長（会長小林重敬横国大教授）として関わってきた。

しかしながら、やはり当時自分が深く関わった市民運動とその延長上で運動のリーダーが市長となった市政の中では、たとえ自分が地元民として適任と思えるまちづくりや建築の仕事でも直接関わらなかった。立場を利しているという誤解が市政の透明性を損なう可能性があることを忘れてはならないと思っていたからだ。むしろ市長のアドヴァイザーグループの一員として、建築家やまちづくりの分野で当時考えられる最良の専門家を推薦する立場を選んだのである。

その後、池子容認派で民間開発をむしろ推進する市長を交代させるために、自ら市長選に打って出たのだが、それは少し関わり過ぎだったろうか。その経験からして思うのは、日本の市民社会の今の成熟度段階では、地元在住のプロフェッショナルは、多くの場合市民専門家として行政に対しアドヴァイザー的役割を果たすのがひとまず妥当ではないかということだ。

池子から四半世紀経った最近の経験としては、逗子市第一運動公園の複合市民施設や大谷戸地域会館について平井竜一市長にプロポーザル・コンペを推奨した。当時のＪＩＡ（日本建築家協会）の神奈川地域会長の森岡茂夫氏にコンペの要項、審査員の推薦をお願いし、神奈川県内事務所の一般公開コンペとして行政と協働して組織運営し、プロジェクトを成功に導いていただいた例がある。この際、当然ながら私自身も森岡さんも、審査員にもコンペ参加者にもならなかった。

かつて私自身が世田谷区の指名コンペで区立特別養護老人ホーム盧花ホームを受託したあと、基本設計段階で区の主宰する公的なデザインレヴューを区在住の建築家グループから受けたことがあるが、このような地域の建築家の役割は大いに評価できるし意義あることと納得した。その経験からも地域在住の建築家の身の処し方を学んだのである。しかしこれからは市民社会の成熟に合わせて行政もいわゆる市民参加と並行して、地元在住のプロフェッショナルと積極的に協働する仕組みを開発すべきであろう。

わが国では行政内に専門家を育てる有効な仕組みがなく、専門的な知見は外部の学識やコンサルタントに依存している例が多い。しかしこれからは行政そのものが少数精鋭の専門家集団として育たなければならないし、その際地元の状況を熟知している市民であり専門家である地元の人材をまずは第三者的機関として活用することが自然であり有効だろう。素人集団の行政と素人集団の市民と市外部専門家のみによる政策形成は、必ずしもそのマチの風土（自然、人工、人の営みの場）を生かしたまちづくりを生まないのではないかと思う。

第一運動公園の複合市民施設　設計：伊藤寛

大谷戸地域会館内部　設計：柳沢潤

## グローカルということ

振り返ってみると、池子の森を守るというローカルな運動に専念する時期の後半に重なって、二〇世紀の最後の一〇年はＪＩＡ日本建築家協会の国際活動に取り込まれていた。ＵＩＡ国際建築家協会連合の理事として、またそのワーキンググループのＡＯＦ（Architecture of the Future）の部会長、時期は多少ずれるが一時アジア建築家協議会（ARCASIA）の日本代表理事としても関わり深みにはまっていた。当時を振り返ると、言わばローカルとグローバルに二股かけて活動していたことになる。

その中で逗子での経験も踏まえ、またＡＯＦのリーダーとしてGlobalとLocalとの両義を具えた〝GLOCALアプローチ〟の概念を二〇世紀最後の一九九九年のＵＩＡ北京大会で提言した。来るべき二一世紀、世界の建築界の基本理念と戦略として、国際的に発信し世界に提言できたのは嬉しいことだった。ちなみにグローカルというコンセプトは、グローバルという地球スケールの関与と同時に、地域＝ローカルに根差したルーツをもつことである。インターナショナルとかコスモポリタンとは全く異なる概念であることを強調しておきたい（八四頁参照）。

地域の風土に根差した歴史や文化、コミュニティーを大事にして生きるのは人間存在の根源である。しかし、それが他者を排除する唯我独尊観やショーヴィニズム（過大に好戦的な愛国愛郷心、それらの優越と栄光・尊厳への盲目的信仰）であってはならない。個性や特徴をもった無数の地域が多様な関係性をつくり、世界と一体化することがグローカルである。そこに二一世紀のマチ・人間居住の本物のアイデンティティーが生まれる。

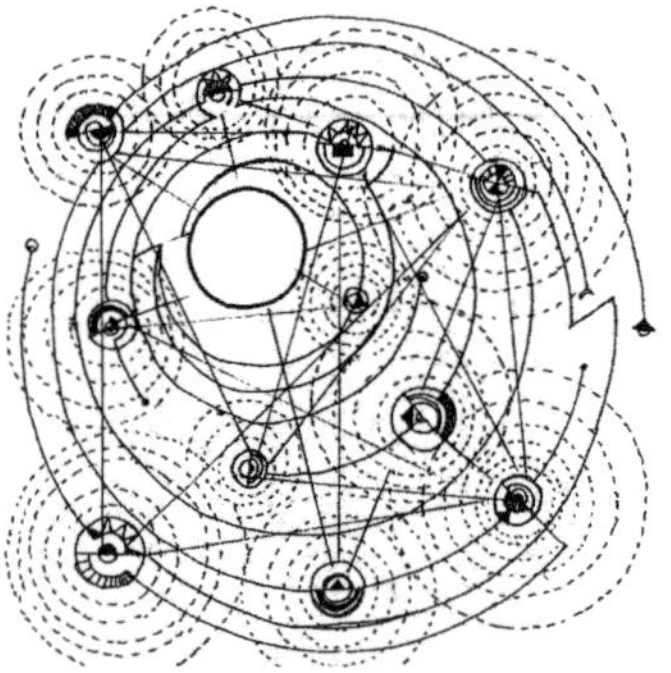

「グローカル状態のイメージ」図
©Koichi Nagashima

二一世紀に市民社会が獲得すべき大事な側面はこのグローカルな市民性である。地球市民であることと地域社会の市民であることを矛盾なく生きる、むしろその相互作用の中で豊かになる〝多様性における一体性〟あるいは〝一体性における多様性〟、これが二一世紀の人類に求められる要件であり不可欠な〝心の習慣〟であろう。世界の平和と地域の平和は当然連動しているのだ。

## プロフェッショナリズム

プロフェッショナルという概念と実体はわれわれ日本人にはなかなか理解しがたいものだ。だいたいいまだに適切な訳語を付けがたいのである。とにかく〝職能〟という訳語は適当でないことをまず指摘しておきたい。文明開化以来のスローガン〝和魂洋才〟の中で、知らずに排除していた洋魂の一つがプロフェッショナリズムである。プロフェッショナリズムの概念はヨーロッパ文明圏で生成し、市民社会の一つの核ともなる価値観と連動している不文律だからである。だから岩倉使節団が成文法のプロシャの立憲君主制憲法はもって帰ったが、慣習法のイギリス憲法はもってこられなかったのと軌を一にしてプロフェッショナリズムの概念が日本のものとなることは未完なのである。

医家、法律家、建築家など人間社会の根本に与る仕事をする人間は、第一義的に天に対して責任をとる、社会の正しいあり方を求めて尽くす、そういう倫理感を市民社会での役割の根底においた職業であるとする理解がプロフェッションの基底にある。だから職業に必要な技能（職能）だけでなく、それを超えた人格的インテグリティー（integrity＝役割、行動、人格の間の倫理的整合性）を求めている。したがって〝プロフェッショナル〟を〝職能人〟と訳すのは間違いだ。自己の利害を超え天に責任をとる第三者性的客観性と、公益性、知見・能力をその人の役割の根底とするからだ。中国文明の中で〝天子〟はまさに天に責任をとって民を治める天から遣わされた子であって、その意味では究極のプロフェッショナルなのであろう。

欧米市民社会では社会・行政活動一般に〝第三者性〟によるチェック機能の担保に真剣である。事に当たって、必ずしもすべての関係者がインテグリティーをもつとは限らないという、人間本性の理解に発している。要するに日本的なムラ意識（たとえば〝原発ムラ〟や〝オリンピックムラ〟）からくる、普遍的な倫理性の欠如ないしは非合理的な慣れ合いをチェックして本筋に戻す機能を重視するということである。おそらく、これは欧米市民社会の発展過程で幾多の苦い経験を積んだ挙句に生まれた知恵なのであろう。

日本ではどうだろう。江戸時代のお目付役というのは第三者性というより権力側内部のチェック機能であったが、権力を超えたところにある〝天〟に責任をもっていたわけではない。市民社会と封建社会の差がここに明らかだ。日本の行政体は、ムラ社会の中の私利私欲やネポティシズム（近親贔屓）に傾く政治家や業者、ボス的市民、場合によってはプロの第三者と目された学識経験者、専門家のエゴや倫理性の欠如からすらも痛い目に会うこともあり、建築家や都市計画家と称する〝業者〟にも不信の目を向けることがあるようだ。その原因は建築家や都市計画家の中には、単なる〝職能人〟であって〝プロフェッショナル〟でない人が一般的だからだろう。優れた職業的能力（職能）をもっていてもインテグリティーをもっているとは限らないからだ。[1][2]

## コミュニティーアーキテクト

コミュニティーアーキテクトの時代がくるだろうか、あるいはどうしたらその時代がくるだろうかという設問でもある。地域で個人を顧客とする建築家は多いが、公的建築に地域の建築家が参与するのには微妙な問題がある。行政が職能的に優秀でインテグリティーのある建築家を見定め仕事を託すのはやさしい問題ではない。その昔のように、地域で長い実績を積み地域社会から信用されている棟梁に仕事を依頼するのとはわけが違うからである。

その地域の風土を尊重した姿勢から建築が生まれるのは当然で好ましいことであり、公共建築の場合は客観性のある方法で選ばれ、住民参加のワークショップなどを通じてよい作品を追求するのはよいことだ。そのとき地元コミュニティーに密着した作業のプロセスを実行する人という意味で、コミュニティーアーキテクトと呼ばれる建築家の姿が見えてくるのかもしれない。

コミュニティーアーキテクトを育てる方法で有効なのは、まず取りかかりとして各自治体が地域限定のプロポーザル・コンペを頻繁に行うことだと思う。それを可能とするには、従来コンペなどを実施したことのない中小自治体が大多数なことから、建築設計監理業務に特化した会員をもつＪＩＡ建築家協会がまず率先して自治体の支援を行うことだろう。

もちろん自治体の当事者能力や建築の性格によって多様なメニューが必要だが、まずコンペの意義の行政への説得、コンペの要項づくりの前段に欠かせない市民・行政のワークショップ（何をほしいのか）などの支援、審査員選択の支援、審査会の運営支援、設計監理者と市民行政を含めた実施計画設計のプロセスや建築完成後の施設運営への助言までのパッケージを提案する必要がある。

コンペの実施によって建物をつくる実績を地域で繰り返す中で、次第に市民も行政も優れた建築とは何か、それを設計監理する建築家とはどのようなプロフェッショナルなのかを認識し始めるのではないだろうか。そのプロセスを通じて市民、行政も次第に建築と建築家への選択眼を養い、結果としてもし地元に優れた建築家がいることがわかれば、場合により特命で依頼するコミュニティーアーキテクトが生まれるということになるだろう。

その場合でも、行政の確信を得るためと、設計者がよりよい設計をする動機づけとして、第三者的立場の助言者としてCABEのような機構の参与が望まれるのである。ちなみに、あるとき同僚だったスイス人の建築家によれば、スイスでは小学校程度の公共公益建物はすべてカントン単位（州、平均人口約三〇万人、ちなみに横須賀市の人口約四〇万人、横浜市の区の平均人口約二〇万人）でコンペに付す。したがって、結果として建築家には過不足なく仕事が与えられ、かつ多数の良質の公共的建物が生まれて、スイスの建築の質全体の向上によい結果をもたらしているということだ。

UIAの理事会の視察でベルリン市役所を訪問したとき、主任都市計画専門官が市中心部の三〇〇分の一スケールの全体模型を前にして述べたものだ。曰く、市長が替わろうと議員が何と言おうと、私たちがプロとして合理的につくりあげた計画の根本は一時的な政治的恣意で変わることがない、と。これは高度の専門教育と十分な経験を積んだ都市計画専門家が、公共の福利を目的として〝市民の中の市民〟というよい意味でのエリート市民の矜持をもっていることの証左でもある。市民のサポートと専門家としての知見からくる客観性をもってつくりあげた計画は、市民社会の正当な価値観の継承を担保するものであ

スイスの良質な公共建築（小学校の体育館）

り、一時の政治的恣意をもってして簡単に変わらない根拠をもっているのだ。

その自信の背後の一つには、ドイツの都市には公共建築を受けもって生涯を送るプロフェッショナルとしてのシティーアーキテクトやシティープランナーの制度があり、二五年ないし終身の身分保障の中でその都市の公共建築を受けもつとされている。これもコミュニティーアーキテクトの究極の姿の一つかもしれない。

建築家自身が完全にその地域の住民であり、地域に密着して仕事をするローカルアーキテクトの例が地方にはよくあると思うが、もう一つのタイプは広域的国際的な仕事と同時に地域コミュニティーにも密着し、地域でも建築を設計するグローカルな建築家だろう。どちらにせよ地域の気候風土をよく弁え、地域のまちづくりや文化活動にも市民として参加し、また請われれば市民専門家として住民のワークショップなどに参加参画し仕事するのがコミュニティーアーキテクトの条件だろう。

## 新しい波

### 地元経済社会の変容

一九八〇～九〇年代にかけて全国的に注目を集めた池子の森の自然を守る市民運動は、ちょうどバブル経済盛んな時期と一致しているが、そのあとバブルがはじけ、一時景気が浮上したかに見えたがまた長く続く不況時代を迎えた。金融主導で大量生産大量消費という大企業指向の市場経済の中で、人とモノを管理することで成り立つ組織的管理社会がますます幅を利かせるようになったようだ。そのような没個性的で個人としての孤立と孤独が助長され、自分の身の処し方を自律的に決められない管理的社会の現状に疑問をもち、それと代替する生き方を求めて独自の行動を起こそうとする新しい世代が出てきているように思える。

それを可能とする地域はとりあえず大都市の勢力圏の縁辺にあって、豊かな自然と交流する恵みにも浴すことができ、何らかの文化的・歴史的遺伝子が存在し、大都市の経済力から余沢を受けつつも、新しいタイプの文化的な発信ができる地域であろう。逗子、葉山はまさにそのような条件をもっているといってよいであろう。仲間や友人の中で文化的な刺激を伴った生産と消費とが循環し、お互いの生き方を帮助し合っている実感のもてる人間関係と、ライフスタイルが生み出されているように見える。

戦前一九三〇年代の逗子の地元人口は一万人ほどで、半農半漁の社会だった。夏の別荘族に対応した多少余分の経済活動があったが、それは地元にもともとあった労働体系や経済に根本的な変化をもたらしたわけではない。いわゆる地産地消的な経済が生きていたと思われる。ところが戦中戦後、地元住民や別荘族の都市的係累知人が帰るべき家を焼失したりして定住し始め、さらに日本経済が大量消費大量生産的市場経済に大きく傾斜すると、逗子も格好の通勤都市になり、それまで地元で仕事をして収入を得、地元で消費する地域経済から、大都市で稼ぎ大企業傘下にあるスーパーやコンビニ、あるいは東京、横浜などの大都市での買い回り消費が多くなった。

つまり地元で回っていたお金が、外部で稼ぎ外部に出ていくパターンに変化していき、地元経済と労働体系の空洞化が起こったのだ。それは地産地消を通じた人間関係が薄れ消失していくことであり、地元の生活共同体が破綻していくことでもある。一つの例が住宅建設だ。人口増加に伴い急激に増えた住宅需要を地元の工務店が満たすことができずに、大都市の工務店や建設会社、住宅メーカーが参入してくる。新住民は地元の大工棟梁や工務店を知らないので、地元外企業の市場メカニズム営業に頼って家を建てることになる。

元来の地元企業は地元住民との顔のつながり、信頼関係で仕事してきたので新住民に対応して必要とされる現代的営業感覚や力がない。したがって新住民から発生する工事需要はあっても地元の仕事にならず外部企業のものとなり、自らは企業の下請職人、ないしは単なる作業員に成り下がり、次第に地元共同体から離れた存在になってしまう。伝統和風住宅を建てる人は少なくなり、それに特化してきた地元職人は細々と昔の施主を頼って生きるしかない。職人は仕事がなければ生きる術がなくなるからだ。たとえば畳屋、経師屋はまだ何軒かあるが、一昨年から建具屋はついになくなってしまった。つまるところ地元共同体をつくってきた職業体系が崩壊し、単なる金銭経済体系に移行したのである。

### 地元若者の内発的なライフスタイル

大量生産大量消費の市場経済から〝友産友消〟へ…一方一九六〇年代から地元で育った若年層、幼時から逗子、葉山に育った若者はその豊かな自然やリラックスしたライフスタイルを素直に自分のものとしてきている。したがって喧噪の大都会で生存競争的に働くことに興味がない。通勤族の父親の逗子都民としての根なし生活、通勤時間と勤務に人生の有効時間の大半をとられ、人間的に枯渇するような場合も現実に見ている。

そこで当然の成り行きとして、自分の将来を父親のそれに同一化することに疑問を感じ始める。そこから安定した生活の担保に一生をかけた会社人間〝社畜〟ではなく、自分の居場所を味わい地元に生活の根を張り、その中で自分の納得する幸せを見出そうとする意志につながる。自分を〝逗子葉山人〟と位置づけ、その中で発展的に生き方を模索し実現することのほうに興味をもつ。既成の型にはまらない別の人生のあり方をローカルな風土の中に見つけていくことになる。

**逗子、葉山人意識**：前述の国家と市民の概念に関連して言えば、最近の世界的な傾向として一九、二〇世紀的な国民国家が解体し始めているのではないかと思える。たとえば最近イギリス（大ブリテン島連合王国）からスコットランドが独立へと踏み出そうとし、ウェールズもそれに倣おうとする気配を見せ、両者ともすでに議会をもっている。スペインではカタルーニア地方が独立に向かって動いている。もともとクニというのは感知可能なローカルな場であり、その集合体ではないか。沖縄が独立するというのもあり得るのではないだろうか。

それに無関係ではないが、当地逗子、葉山の若い世代の一つの考えとして、国民国家にこだわると領土とか覇権とかへの関心が生まれ、その必然として戦争が視野に入ってしまうかもしれない。だが生まれ育ったローカルな風土という場に愛着をもって生きれば、たとえば〝逗子葉山人〟としての自信とアイデンティティーをもつ確固とした存在になれる、という考えがありそうだ。

もう一つには、生まれたときからグローバル・テレコミュニケーションの世界に浸っている世代なので、それを通じてローカルにこだわりながらむしろローカルなアイデンティティーの故に、国際的ネットワークの中で役割を果たし自己実現することにも自然に入っていける、そんな若者が出てきている。

**環境へのこだわりと文化の幅：**逗子、葉山の比較的自然に恵まれた環境に慣れ親しんで育ってきて、その風土が損なわれていく姿（マチこわし）を身近に見ているために、自分の人間存在の文脈としてグローカルに環境問題には大いに関心があり敏感である。一方で、地元の文化の質や幅の限界も気になる。文化活動は大都会が独占すべきものでなくローカルな場にも文化の享受と創造があってしかるべしとし、それを実現したいと考えている。それが地元の独立した小さなギャラリーや工房、シネマ、カフェーなどの個性あるショップとして実現している。

さらに組織的に大きな文化活動としては、恒例となった五月の逗子の「浜辺の映画祭」「葉山芸術祭」の連続する多様なイベントや、最近ではそれに模したかたちで「逗子アートフェスティバル」なども賑わっている。今年一〇年を迎える「湘南邸園文化祭」のイベントは、古い建物や庭園を保存活用することで歴史的資産を生活の中で継承しようという県のアイデアで、毎年二ヶ月にわたって、現在は湘南海岸の一四市町が参加するイベントだが、これはすでに各地域で行われているイベントにベースをおいて網羅し発展させているかたちである。先に「地元と結びついた小さな経済」ということを述べたが、ある意味、現在の若者の指向はその後継の一環であると言ってよいかもしれない。

**ローカルな活動拠点シネマ・アミーゴ：**そのようなメンタリティーと生き方の模索から、たとえば逗子、葉山、鎌倉には映画館が一つもない。ハリウッド映画以外の優れた映画を観る機会がない。ならば自分たちで映画館をもとう。それぞれシンガーソングライター、写真家、インテリアデザインを志し、一定の達成をみていたゲン、ライ、エイスケ三人の若者たちが立ち上がった。彼らはわずかな資金を持ち寄り、また小額の公的資金も借りて合同会社をつくり、海岸近くの通りに面した空き家を借り、地域の友人たちの手も借りてほぼ自力で改修し二〇席ほどのシネマの開館にこぎつけた。すべてに三〇〇万円ほどかかったということである。六年後の今現在も健全に活動を継続している。

彼らは事業の発足以前、すでに一六〇人ほどの若者を中心とした地元の人的ネットワークをもっていたと称しており、たしかにそのネットワークの中では地域通貨が通用し得るような互助的な関係性があるようだ。地元の学校などの交友関係を通じて長年築いた友達的人間関係＝アミーゴも縁となって、自然にできた結節点としてシネマ・アミーゴが生まれた。それが核となって地域やそれ以外の広域から人びとが来るようになったのだ。

その中には地方の出身で身寄りのない流浪の若者ユウクンがいて、当時癌で余命半年と宣告されていたのを仲間たちが五年間サポートし、後で触れるサンセバスティアンの映画祭にも役割を分かち合って同伴し、最後の数ヶ月はアミーゴで看取り、何十人もの若者仲間が逗子海岸の小坪で漁師をしている仲間の小さな漁船から散骨葬（東慶寺の若い僧侶の仲間が司式を務めた）を行った感動的な例がある。すべてがごく自然な成り行きに見えた。これこそが本物のアミーゴ＝仲間、コミュニティーと言えるのではないだろうか。

アミーゴに出入りする地元の若者にはシンガーソングライター、ファッションモデル、写真家、インテリアデザイナー、下着デザイナー、草木染アーティスト、サーファーから資格をとって小坪で漁師をしている若者が市場に出せない雑魚をアミーゴ・キッチンにもってきたり、取り壊した民家の建具や古材を扱う若者、民家修復の大工、自動車修理、彫刻家の助手、コミック作者、料理のケイタリング、スペイン料理、菜食料理、インドカ

シネマ・アミーゴ

レーの修業をして地元で独立している者などなど。中には畑づくりで産物を週一回のマルシェ（市）にもってきたり、教育長を引退したもと小学校の教師が自分の畑から野菜を委託販売するケースもあった。この状態は「地産地消」と言うよりは、地元の小野寺愛さんの造語による「友産友消」と言ったほうが当たっているかもしれない。

## グローカル現象の展望と若者共通の価値観

シネマ・アミーゴの活動とは同根のシネマ・キャラバンがイベントとして逗子の「浜辺の映画祭」に成長し、春から夏にかけての逗子海浜イベントとして定着しているだけに止まらず、新潟や高山などにも招致されている。地元の人脈を通じて国際的な注目を集め、二〇一三年にはスペイン、バスク地方のサンセバスティアンの国際映画祭に招待されるという快挙も成し遂げた。今年はそのバスク地方から映画監督をはじめとして数人が来逗して、海岸のテントや地元の友人の家に寝起きしながら参加している。二〇一七年には、またシネマ・キャラバンをバスクに呼びたいと言っているようだ。これなどは純正にローカルな特徴、アイデンティティーある活動の故にグローバルに認知され発展した例と言えよう。ローカルであるが故にグローバルなディメンションを獲得したわけで、これはグローカル現象の一つだと言えよう。

先にも述べたように、この若者たちの共通の価値観には、地元に根づくこと、仲間のコミュニティー、環境・エコロジーがあり、文化の創造がある。大げさに言えば、フランス革命の自由・平等・友愛そのものが小さな輪の中で実現していると言ってよいのかもしれない。例年の棚田づくり、里山づくり、海岸や川の清掃など、自分たちが直接恩恵を受け

逗子海岸浜辺の映画祭

また愛する地域の身近な環境の維持発展に関わることも、彼らの価値観から自然に発生したと見る。これは単にお金を稼ぐための〝労働〟ではなく、自分自身を自然との関係の中で生成する要素を含んだ〝仕事〟であると言えよう。

環境・エコロジーの問題意識があるので、特に幼い子持ちの女性は生存本能から敏感な反応を見せる。福島の原発事故直後に放射能を避けて沖縄に移住してしまう例が、アミーゴの一角で花屋を開いていた女性や、近くのKOYAなるレストランカフェを経営していた女性にある。三人の子を育てる母親が家族の健康を考えた自然食的発想から無農薬の小麦や胚芽を使ってパンを焼き始め、それを求める隣人に売ることから始まったベーカリー。黒松に覆われた小道に面した建築家のアトリエのガレージを改装してパン焼竈を置き、脇の駐車スペースをオープンカフェーとして繁盛し拡大して葉山に本拠をおくことになった。この「わかなパン」は、地域の友人、近隣、地域の〝友産友消〟だけでなく、日曜日にパンケーキに特化したサンデイジャムとして東京からも人を呼んでいた。

## 今後の課題

おそらくこれからの課題の一つは、農林漁業や地域エネルギーの創成に関して、自己啓発的でシンボリックな参加や関与から、持続性と実効性の高い仕組みや新しい水平的な労働体系が一般化していくことも視野に入れることだろう。現在の当事者である若者たちも加齢していくわけで、次の世代がどのように今の文化を継承発展させていくかが楽しみである。

もう一つ言えば、地元自治体の姿勢が、新しいコミュニティーのあり方について若者の感性に追いつくことが望まれるし、また新しい参入者に対する創業資金の支援も必要であろう。そのときの心がけとしては、行政が関与することで若者の主体性と創造性が損なわれないことである。しかし地方自治体内の若い世代が新しい時代のエトスを呼吸して脱皮できれば、地域の経済的自律性が高まり、経済・労働・経営体系の大企業依存が軽減され、自律した地域の共同体意識〝友産友消〟に基づくより人間的な、地域に根差した新しい市民社会が生まれるのであろう。

終わりに社会学者、見田宗介氏の最近の言葉を引用してこの章を締め括りたいと思う。

生きる歓びは、かならずしも大量の自然破壊も他者からの収奪も必要としない。禁欲ではなく、感受性の解放という方向である。近代社会は「未来の成長のために現在の生を手段化し、犠牲にする」という生き方を人びとに強いてきた。成長至上主義から脱して初めて、人は〝現在〟という時間が如何に充実し、輝きに満ちているかを実感できるのではないか。

◆参考

［1］建築士資格の誕生：一九五〇年建築士制度が誕生したが、戦後の大量の建築需要に対処するため一定の設計技量のある者を認定し資格を与える主旨で、安全性と合理性、合法性は担保するが、設計の審美的な側面、職業倫理の面を評価する制度ではない。

［2］建築士資格の国際的互換性の欠如：ＵＩＡ（国際建築家協会連盟）から見ると、日本の建築士資格は欧米起源のグローバルスタンダードで、プロフェッショナルな倫理側面をもった専門家資格〝建築家〟と異なり、エンジニア資格と見なされている。したがって国際的には建築士は建築家でなく、他の建築家資格と互換性がないまま現在

に至っている。この状態はメディアの寵児となったスター建築家には問題ないが、一般的に日本の建築界がグローバルな参入をするとき、特に若い建築設計者の海外就職には障害になりかねない。

一方、中国の建築師資格は国際的建築家資格制度と互換性があり、中国が建築家を大量に必要とするときは国際的に人材を導入でき、将来中国の建築家が大量に国外に出る機会を準備している。ヨーロッパ先進国では、経済成長が鈍化して建築設計需要が少なくなれば、ただちに旧植民地などに人材を移転できる仕組みが自然にできている。日本に留学し建築教育を受けた発展途上国の優秀な人材が本国で資格を認められずやむなくドラフトマンの地位に甘んじるとか、資格互換性のある欧米に再留学する、というケースを見ているのはつらい。

**［参考文献・図版出典］**


・「池子の森のエコフィロソフィ」小林仁＋川瀬博＋石川孝之、合同出版、二〇一三
・「英国ＣＡＢＥと建築デザイン・都市景観」坂井文＋小出和郎、鹿島出版会、二〇一四
・「環境から見たまちづくり計画」逗子市、一九九三
・「建築文化」一九八〇年七月号、彰国社
・「写真アルバム　鎌倉・逗子・葉山の昭和」いき出版、二〇一四
・「逗子グランドデザイン策定事業・都市構造分析報告書」逗子市、一九九五
・「逗子市10年のあゆみ」逗子市、一九六四
・「ZUSHI BEACH FILM FESTIVAL 2014」CINEMA CARAVAN, 2014
・「まちなみデザイン逗子」ほととぎす隊景観部会＋逗子市まちづくり課、二〇一四
・「ＳＤ」一九八三年四月号、鹿島出版会
・「都市住宅」一九七五年九月号、鹿島出版会
・週刊ビジュアル「江戸三百藩1」二〇一五年一〇月一三日、二〇日号、ハーパーコリンズ・ジャパン
・「ブリタニカ国際大百科事典」ＴＢＳブリタニカ
・「THE IMAGE OF THE CITY」Kevin Lynch, The MIT Press & Harvard University Press, 1960
・「US-Japan Metropolitan Planning Exchange」METROPLEX Executive Committee, 1994


**［著者略歴］**


**長島孝一**（ながしま・こういち）

一九三六年東京都生まれ。

早稲田大学理工学部建築学科卒業。

ハーバード大学大学院都市設計科卒業。

一九六四年アテネ居住学センター、フェロー。

横総合計画事務所取締役を経て、一九七六年ＡＵＲ建築都市研究コンサルタント設立。国内外の建築・都市計画に従事の傍ら、シンガポール国立大学教授、早稲田大学客員教授、シドニー大学客員教授、東京大学、横浜国立大学、東京芸術大学の非常勤講師として教育にも関わる。

作品に「石原なち子記念体育館」でＪＩＡ新人賞、「聖コロンバン会本部」でＪＩＡ25年章受章など。

訳書に「現代建築の哲学」「エントピア」「古代ギリシアのサイトプランニング」、共書に「City in Conflict」「コミュニティーの理論と政策」などがある。

一九九三年～二〇〇五年ＵＩＡ国際建築家協会連合理事を務めた。ＪＩＡ名誉会員。

# 風土《ふうど》と市民《しみん》とまちづくり
## ちいさなマチ逗子《ずし》のものがたり


発　行　　二〇一六年二月一〇日　第一刷発行



著　者　　長島孝一《ながしまこういち》



発行者　　坪内文生

発行所　　鹿島出版会

〒一〇四―〇〇二八　東京都中央区八重洲二丁目五番一四号

電話　〇三（六二〇二）五二〇〇

振替　〇〇一六〇―二―一八〇八八三

ブックデザイン　田中文明

印刷・製本　三美印刷





ISBN 978-4-306-07322-7 C3052 Printed in Japan





本書の内容に関するご意見・ご感想は左記までお寄せください。

URL: http://www.kajima-publishing.co.jp

e-mail: info@kajima-publishing.co.jp